"十三五"普通高等教育本科部委级规划教材 ｜ 服装实用技术·基础入门

服装工艺设计与制作

基础篇

刘　锋◎主　编

吴改红◎副主编

FASHION
DESIGN

中国纺织出版社有限公司 ｜ 国家一级出版社　全国百佳图书出版单位

内 容 提 要

本书是"十三五"普通高等教育本科部委级规划教材，内容包括工艺基础理论与成衣工艺两个部分。工艺基础理论部分主要讲解服装工艺设计基础、服装材料基础、制作工艺基础、装饰工艺基础。成衣工艺部分介绍裙装和衬衫的工艺，突出相关部件及部位工艺的设计，从款式、结构、样板、排料到缝制，全面讲解制板及制作过程。

本书内容全面、重点突出、图文并茂、易学实用，适合高等院校学生学习参考，也可供服装企业技术人员、广大服装爱好者阅读学习。

图书在版编目（CIP）数据

服装工艺设计与制作. 基础篇/刘锋主编. ——北京：中国纺织出版社有限公司，2019.9（2022.5重印）

"十三五"普通高等教育本科部委级规划教材. 服装实用技术·基础入门

ISBN 978-7-5180-6299-7

Ⅰ. ①服⋯ Ⅱ. ①刘⋯ Ⅲ. ①服装设计—高等学校—教材 ②服装缝制—高等学校—教材 Ⅳ. ①TS941. 2 ②TS941. 634

中国版本图书馆 CIP 数据核字（2019）第 119947 号

策划编辑：李春奕　责任编辑：杨 勇　责任校对：王花妮
责任设计：何 建　责任印制：王艳丽

中国纺织出版社有限公司出版发行
地址：北京市朝阳区百子湾东里 A407 号楼　邮政编码：100124
销售电话：010—67004422　传真：010—87155801
http://www.c-textilep.com
E-mail：faxing@ c-textilep.com
中国纺织出版社天猫旗舰店
官方微博 http://weibo.com/2119887771
三河市宏盛印务有限公司印刷　各地新华书店经销
2019 年 9 月第 1 版　2022 年 5 月第 4 次印刷
开本：787×1092　1/16　印张：14
字数：245 千字　定价：39.80 元

前言

　　服装工艺是服装专业的主干课程之一，重在实践。近年来，服装新材料的研发成果广泛应用于服装的面料与辅料，缝制设备的专业化、智能化水平大为提高，服装制作工艺也在向着机械化、自动化、智能化的方向发展。因此，目前服装行业需要大量的新型专业技术人才，要求具备针对新材料、新设备进行工艺设计及组织生产的能力，能够解决实际问题。所以高等院校培养学生时，应该适应行业需求，注重专业知识的更新，加强实践环节的培养和训练。

　　作为专业教材，在撰写过程中尽可能做到与时俱进。内容包括工艺基础理论与成衣工艺两个部分，力求知识全面、选例典型、工艺先进；编排由易到难，以理论为基础，理论指导实践，设计与应用相结合；采用文字、示意图、照片相结合的方式，直观、规范、详尽地表达设计及工艺过程。

　　工艺基础理论部分介绍相关基础理论与基本技能，共四章，分别为服装工艺设计基础、服装材料基础、制作工艺基础、装饰工艺基础。成衣工艺部分介绍常见服装品类的制板及制作工艺，共两章，分别为裙装工艺、衬衫工艺。每一章的第一节，为该品类成衣相关部件、部位工艺的设计与制作，既增强了部件应用的针对性，又不影响成衣工艺的整体性，使体系更加合理完善；每一款部件都有针对款式的工艺分析、拓展性工艺设计的引导、明确的工艺流程图，以及详细的制作工艺说明。各类成衣选择经典的男装、女装款式，结构制图以原型法为主，并配有全套样板的制作方法，力求款式实用、板型合理、工艺典型；成衣制作对应款式及工艺要求，结合新技术进行工艺设计，工序明确，缝制工艺说明详尽。

　　针对服装工艺设计与制作，笔者编写了基础篇、提高篇两册，以便各院校不同学期对服装工艺课程的安排，也便于不同基础的学习者选用。本教材为基础篇，提高篇则进一步讲解裤装工艺、夹克工艺、西服工艺、外套工艺、传统中式服装工艺。

　　本书由太原理工大学教师编写，刘锋任主编，吴改红任副主编。其中第一章、第三章及附录由刘锋编写，第二章由昝会云编写，第四章由卢致文编写，第五章由吴改红编写，第六章由刘淑强编写。

　　作为高等院校的专业教材，本书也适用于广大服装从业人员和爱好者自学。

　　在编写过程中，参考了许多著作、论文及网络资料与图片，在此一并表示感谢。

　　由于水平有限、时间紧张，教材中难免有疏漏和不妥之处，敬请批评指正。

编者

2019 年 1 月

教学内容及课时安排

章/课时	课程性质/课时	节	课程内容
第一章 （2课时）	基础理论与 专业知识 （4课时）		●服装工艺设计基础
		一	人体测量与号型系列
		二	服装结构基础
		三	服装工艺基础
第二章 （2课时）			●服装材料基础
		一	面料
		二	里料及絮填料
		三	衬料
		四	其他辅料
第三章 （12课时）	技术理论与 专业技能 （16课时）		●制作工艺基础
		一	手缝工艺基础
		二	机缝工艺基础
		三	熨烫工艺基础
第四章 （4课时）			●装饰工艺基础
		一	手缝装饰工艺基础
		二	机缝装饰工艺基础
第五章 （20课时）	实践训练与 技术理论 （44课时）		●裙装工艺
		一	裙装部件、部位工艺的设计与制作
		二	直身裙缝制工艺
		三	低腰育克裙缝制工艺
		四	连衣裙缝制工艺
第六章 （24课时）			●衬衫工艺
		一	衬衫部件、部位工艺的设计与制作
		二	女衬衫缝制工艺
		三	男衬衫缝制工艺

注　各院校可根据自身的教学特色和教学计划对课程时数进行调整。

目录

基础理论与专业知识

第一章　服装工艺设计基础 ·· 002

第一节　人体测量与号型系列 ·· 002

　一、量体 ·· 003

　二、号型系列 ·· 004

　三、规格 ·· 004

　四、思考与实训 ·· 009

第二节　服装结构基础 ·· 009

　一、结构制图 ·· 009

　二、样板制作 ·· 016

　三、思考与实训 ·· 020

第三节　服装工艺基础 ·· 021

　一、裁剪工艺 ·· 021

　二、缝制工艺 ·· 025

　三、质量检查 ·· 027

　四、模板技术的应用 ·· 028

　五、思考与实训 ·· 031

第二章　服装材料基础 ·· 034

第一节　面料 ·· 034

　一、面料的分类 ·· 034

　二、常用服装面料 ·· 036

　三、新型服装面料 ·· 039

　四、面料的选择 ·· 040

第二节　里料与絮填料 ·· 041

　一、里料 ·· 041

　二、絮填料 ·· 042

第三节　衬料 ………………………………………… 044
　　一、衬料的分类 ………………………………… 044
　　二、常用衬料及其用途 ………………………… 044
　　三、衬料的选配 ………………………………… 046
第四节　其他辅料 ………………………………… 047
　　一、线带类辅料 ………………………………… 047
　　二、紧扣辅料 …………………………………… 049
　　三、花边辅料 …………………………………… 049
　　四、思考与实训 ………………………………… 049

技术理论与专业技能

第三章　制作工艺基础 ……………………………… 052
第一节　手缝工艺基础 ……………………………… 052
　　一、基本工具与材料的选用 …………………… 052
　　二、手缝针法 …………………………………… 054
　　三、手缝工艺实训 ……………………………… 060
第二节　机缝工艺基础 ……………………………… 060
　　一、机缝线迹与缝型 …………………………… 061
　　二、机缝常用设备简介 ………………………… 067
　　三、机缝基础训练 ……………………………… 077
　　四、机缝针法 …………………………………… 078
　　五、机缝工艺实训 ……………………………… 086
第三节　熨烫工艺基础 ……………………………… 087
　　一、熨烫的作用 ………………………………… 087
　　二、熨烫工具及设备 …………………………… 087
　　三、熨烫的基本原则 …………………………… 088
　　四、熨烫要素 …………………………………… 088
　　五、熨烫方法 …………………………………… 090
　　六、熨烫工艺实训 ……………………………… 093

第四章　装饰工艺基础 ……………………………… 096
第一节　手缝装饰工艺基础 ………………………… 096
　　一、绣 …………………………………………… 096

二、挑花 ………………………………………………………… 100

三、扳网 ………………………………………………………… 101

四、盘扣 ………………………………………………………… 101

五、编结 ………………………………………………………… 104

六、练习与作业 ………………………………………………… 107

第二节　机缝装饰工艺基础 …………………………………… 107

一、缉线工艺 …………………………………………………… 107

二、缉细褶工艺 ………………………………………………… 108

三、滚边工艺 …………………………………………………… 109

四、嵌线条工艺 ………………………………………………… 110

五、镶边工艺 …………………………………………………… 111

六、宕条工艺 …………………………………………………… 112

七、思考与实训 ………………………………………………… 113

实践训练与技术理论

第五章　裙装工艺 ……………………………………………… 116

第一节　裙装部件、部位工艺的设计与制作 ………………… 116

一、省道工艺 …………………………………………………… 116

二、底边工艺 …………………………………………………… 121

三、裙开衩工艺 ………………………………………………… 123

四、门襟工艺 …………………………………………………… 127

五、腰头工艺 …………………………………………………… 133

六、无领连衣裙的领口工艺 …………………………………… 137

七、思考与实训 ………………………………………………… 145

第二节　直身裙缝制工艺 ……………………………………… 145

一、直身裙款式特征概述 ……………………………………… 146

二、结构制图 …………………………………………………… 146

三、放缝与排料 ………………………………………………… 147

四、缝制工艺 …………………………………………………… 148

五、思考与实训 ………………………………………………… 151

第三节　低腰育克裙缝制工艺 ………………………………… 152

一、款式特征概述 ……………………………………………… 153

二、结构制图 …………………………………………………… 153

三、放缝与排料 …………………………………………………… 153

四、缝制工艺 ……………………………………………………… 154

五、思考与实训 …………………………………………………… 157

第四节 连衣裙缝制工艺 ……………………………………………… 158

一、款式特征概述 ………………………………………………… 158

二、结构制图 ……………………………………………………… 158

三、放缝与排料 …………………………………………………… 160

四、缝制工艺 ……………………………………………………… 161

五、思考与实训 …………………………………………………… 163

第六章 衬衫工艺 ……………………………………………………… 166

第一节 衬衫部件、部位工艺的设计与制作 ………………………… 166

一、贴袋工艺 ……………………………………………………… 166

二、袖开衩工艺 …………………………………………………… 171

三、门襟工艺 ……………………………………………………… 176

四、领子工艺 ……………………………………………………… 184

五、思考与实训 …………………………………………………… 193

第二节 女衬衫缝制工艺 ……………………………………………… 193

一、款式特征概述 ………………………………………………… 194

二、结构制图 ……………………………………………………… 194

三、放缝与排料 …………………………………………………… 195

四、缝制工艺 ……………………………………………………… 198

五、思考与实训 …………………………………………………… 202

第三节 男衬衫缝制工艺 ……………………………………………… 203

一、款式特征概述 ………………………………………………… 204

二、结构制图 ……………………………………………………… 204

三、放缝与排料 …………………………………………………… 206

四、缝制工艺 ……………………………………………………… 207

五、思考与实训 …………………………………………………… 211

附录 常用术语 ………………………………………………………… 213

参考文献 ………………………………………………………………… 216

基础理论与专业知识——

课题名称：服装工艺设计基础

课题内容：人体测量与号型系列

服装结构基础

服装工艺基础

课题时间：2 课时

教学目的：服装工艺设计基础是服装工艺的相关基础知识，通过学习这部分内容，规范学生的人体测量、结构制图、样板制作、放缝排料等作业方法，明确工艺设计的主要内容及相关国家标准，从而为规范的服装制作工艺打下良好的基础。

教学方式：理论讲解为主，借助多媒体，用图片直观展示实例，结合现场示范操作。

教学要求：1. 掌握人体测量的方法。

2. 了解服装号型的含义及相关国家标准的应用。

3. 掌握结构制图的要求及样板制作的要点。

4. 掌握排料的原则。

5. 了解工艺流程的设计。

6. 明确服装工艺的基本要求。

7. 了解模板技术的应用现状及发展方向。

第一章　服装工艺设计基础

　　服装设计包括款式设计、结构设计、工艺设计三部分。款式设计以着装效果图的形式确定设计目标，结构设计将该目标分解、量化、确定平面样板，工艺设计将各裁片组合为服装成品，完成设计目标。整个过程环环相扣，缺一不可。为了掌握服装工艺设计，需要了解服装结构及工艺的基本知识。本章主要介绍人体测量、号型系列、服装结构及成衣工艺的相关基础知识。

第一节　人体测量与号型系列

课前准备

　　工具准备：备齐制图常用工具，如图 1-1 所示。

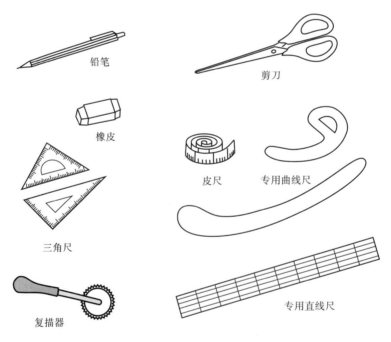

铅笔

剪刀

橡皮

皮尺　　专用曲线尺

三角尺

复描器

专用直线尺

图 1-1　制图常用工具

　　人是服装的主体，服装设计需要以人体的尺寸为基础，获取人体数据是制作服装的第一步。人体数据以人体特征部位的尺寸为代表，要取得正确的尺寸，可以直接对个体进行测量，也可以通过号型国家标准中"控制部位数值表"查询。

一、量体

针对个体进行单件服装制图时，确定尺寸的最佳方案就是对着装者进行直接测量，采集所需数据。

（一）量体要求

1. 被测者取自然站立姿势，着装尽可能简单。
2. 测量者站在被测者右前方，同时注意观察被测者体型特征。
3. 测量围度时，松度以插入一指能自然转动为宜。

（二）测量部位及方法

人体测量时，应按照围度、宽度、长度的顺序，由上而下、从前到后依次进行，具体测量方法见表1-1。

表1-1　人体各部位的测量方法

序号	部位	测量方法
1	头围	经眉间点上方绕过枕后点水平测量最大周长，头发包含在内（帽用）
2	颈根围	绕颈围前中点、肩颈点至颈围后中点围量一周
△3	胸围	经过胸高点绕胸部水平围量一周
△4	腰围	绕腰部最细处水平围量一周
△5	臀围	绕臀部最丰满处水平围量一周
6	腹围	绕腹部最凸处水平围量一周［紧身裤（裙）用］
7	手臂根围	经过前后腋点、肩端点绕手臂根部围量一周，以确定最小袖窿弧线长
8	臂围	绕上臂根部最粗处水平围量一周，以确定最小袖肥
9	肘围	弯曲肘部，经过肘点围量一周（紧身袖用）
10	手腕围	绕手腕根部围量一周（紧身袖口用）
△11	肩宽	测量左、右肩端点间的距离
12	背宽	测量背部左、右后腋点间的距离（参考尺寸）
13	胸宽	测量胸部左、右前腋点间的距离（参考尺寸）
14	胸高点间距	测量左、右胸高点的距离（参考尺寸）
△15	背长	第七颈椎点至后腰围线的垂直距离
16	前腰长	自肩颈点过胸高点至腰围线的距离（参考尺寸）
17	肩颈点至胸高点长	自肩颈点到胸高点的距离（参考尺寸）
△18	衣长	（前）自肩颈点经胸高点至所需服装底边线间的长度，（后）自第七颈椎点垂直至服装底边线间的长度
△19	袖长	从肩端点随手臂自然弯曲到手腕的长度
△20	臀高	从人体侧面测量腰围线至臀围线的垂直距离

序号	部位	测量方法
△21	裤长	从人体侧面自腰围线至所需裤脚口边间的长度
△22	裙长	从人体侧面自腰围线至所需裙底边间的长度

注 序号前带△的部位为控制部位。

二、号型系列

对于服装号型，国家有统一标准（GB/T 1335—2008），适用于批量生产服装时确定尺寸，对单件服装制图也具有参考意义。

（一）号型定义

"号"指人体的身高，是设计和选购服装长短的依据；"型"指人体的胸围（上衣）或腰围（下装），是设计和选购服装肥瘦的依据。以人体胸围与腰围的差值为依据，国家标准将体型分为四类，使其适用范围更为广泛。男、女体型分类标准见表 1-2。

表 1-2　男、女体型分类标准　　　　　　单位：cm

胸腰差　　　体型 性别	Y	A	B	C
男	22~17	16~12	11~7	6~2
女	24~19	18~14	13~9	8~4

（二）号型系列

号型的表示方法为号/型，如 160/84A。

国家标准中，在大量测量统计的基础上，确定了所占比例最大的男、女中间体，分别为 170/88A、160/84A。以中间体为中心，号以 5cm 分档，型以 2cm、4cm 分档，两者对应组合形成号型系列，即 5·2、5·4 系列，其中 5·2 系列对下装适用，5·4系列上下装通用。

（三）控制部位

控制部位是指人体的主要特征部位，即人体上要求服装尺寸必须满足的部位，如胸围、腰围、肩宽等。控制部位数值与号型标准相对应，表 1-3~表 1-10 分别列出了男、女各种体型的详细数值。

三、规格

规格是在人体控制部位数值的基础上，经过必要的松量加放后得到的成衣尺寸，即制图尺寸，可以简单地用衣长（裤长）×胸围（腰围）表示，制图尺寸以规格表的形式明确给出，举例见表 1-11。

表1-3　男子5·4/5·2　Y号型系列控制部位数值

单位：cm

部位	数值							
身高	155	160	165	170	175	180	185	190
颈椎点高	133.0	137.0	141.0	145.0	149.0	153.0	157.0	161.0
坐姿颈椎点高	60.5	62.5	64.5	66.5	68.5	70.5	72.5	74.5
全臂长	51.0	52.5	54.0	55.5	57.0	58.5	60.0	61.5
腰围高	94.0	97.0	100.0	103.0	106.0	109.0	112.0	115.0
胸围	76	80	84	88	92	96	100	104
颈围	33.4	34.4	35.4	36.4	37.4	38.4	39.4	40.4
总肩宽	40.4	41.6	42.8	44.0	45.2	46.4	47.6	48.8

部位	数值															
腰围	56	58	60	62	64	66	68	70	72	74	76	78	80	82	84	86
臀围	78.8	80.4	82.0	83.6	85.2	86.8	88.4	90.0	91.6	93.2	94.8	96.4	98.0	99.6	101.2	102.8

表1-4　男子5·4/5·2　A号型系列控制部位数值

单位：cm

部位	数值								
身高	155	160	165	170	175	180	185	190	
颈椎点高	133.0	137.0	141.0	145.0	149.0	153.0	157.0	161.0	
坐姿颈椎点高	60.5	62.5	64.5	66.5	68.5	70.5	72.5	74.5	
全臂长	51.0	52.5	54.0	55.5	57.0	58.5	60.0	61.5	
腰围高	93.5	96.5	99.5	102.5	105.5	108.5	111.5	114.5	
胸围	72	76	80	84	88	92	96	100	104
颈围	32.8	33.8	34.8	35.8	36.8	37.8	38.8	39.8	40.8
总肩宽	38.8	40.0	41.2	42.4	43.6	44.8	46.0	47.2	48.4

部位	数值																		
腰围	56	58	60	62	64	66	68	70	72	74	76	78	80	82	84	86	88	90	92
臀围	75.6	77.2	78.8	80.4	82.0	83.6	85.2	86.8	88.4	90.0	91.6	93.2	94.8	96.4	98.0	99.6	101.2	102.8	104.4

表1-5　男子5·4/5·2　B号型系列控制部位数值

单位：cm

部位	数值							
身高	155	160	165	170	175	180	185	190
颈椎点高	133.5	137.5	141.5	145.5	149.5	153.5	157.5	161.5
坐姿颈椎点高	61.0	63.0	65.0	67.0	69.0	71.0	73.0	75.0
全臂长	51.0	52.5	54.0	55.5	57.0	58.5	60.0	61.5
腰围高	93.0	96.0	99.0	102.0	105.0	108.0	111.0	114.0

部位	数值										
胸围	72	76	80	84	88	92	96	100	104	108	112
颈围	33.2	34.2	35.2	36.2	37.2	38.2	39.2	40.2	41.2	42.2	43.2
总肩宽	38.4	39.6	40.8	42.0	43.2	44.4	45.6	46.8	48.0	49.2	50.4

部位	数值																					
腰围	62	64	66	68	70	72	74	76	78	80	82	84	86	88	90	92	94	96	98	100	102	104
臀围	79.6	81.0	82.4	83.8	85.2	86.6	88.0	89.4	90.8	92.2	93.6	95.0	96.4	97.8	99.2	100.6	102.0	103.4	104.8	106.2	107.6	109.0

表1-6　男子5·4/5·2　C号型系列控制部位数值

单位：cm

部位	数值							
身高	155	160	165	170	175	180	185	190
颈椎点高	134.0	138.0	142.0	146.0	150.0	154.0	158.0	162.0
坐姿颈椎点高	61.5	63.5	65.5	67.5	69.5	71.5	73.5	75.5
全臂长	51.0	52.5	54.0	55.5	57.0	58.5	60.0	61.5
腰围高	93.0	96.0	99.0	102.0	105.0	108.0	111.0	114.0

部位	数值										
胸围	76	80	84	88	92	96	100	104	108	112	116
颈围	34.6	35.6	36.6	37.6	38.6	39.6	40.6	41.6	42.6	43.6	44.6
总肩宽	39.2	40.4	41.6	42.8	44.0	45.2	46.4	47.6	48.8	50.0	51.2

部位	数值																					
腰围	70	72	74	76	78	80	82	84	86	88	90	92	94	96	98	100	102	104	106	108	110	112
臀围	81.6	83.0	84.4	85.8	87.2	88.6	90.0	91.4	92.8	94.2	95.6	97.0	98.4	99.8	101.2	102.6	104.0	105.4	106.8	108.2	109.6	111.0

表1-7　女子5·4（5·2）Y号型系列控制部位数值

单位：cm

Y体型

部位	数值							
身高	145	150	155	160	165	170	175	180
颈椎点高	124.0	128.0	132.0	136.0	140.0	144.0	148.0	152.0
坐姿颈椎点高	56.5	58.5	60.5	62.5	64.5	66.5	68.5	70.5
全臂长	46.0	47.5	49.0	50.5	52.0	53.5	55.0	56.5
腰围高	89.0	92.0	95.0	98.0	101.0	104.0	107.0	110.0
胸围	72	76	80	84	88	92	96	100
颈围	31.0	31.8	32.6	33.4	34.2	35.0	35.8	36.6
总肩宽	37.0	38.0	39.0	40.0	41.0	42.0	43.0	44.0
腰围	50　52	54　56	58　60	62　64	66　68	70　72	74　76	78　80
臀围	77.4　79.2	81.0　82.8	84.6　86.4	88.2　90.0	91.8　93.6	95.4　97.2	99.0　100.8	102.6　104.4

表1-8　女子5·4（5·2）A号型系列控制部位数值

单位：cm

A体型

部位	数值							
身高	145	150	155	160	165	170	175	180
颈椎点高	124.0	128.0	132.0	136.0	140.0	144.0	148.0	152.0
坐姿颈椎点高	56.5	58.5	60.5	62.5	64.5	66.5	68.5	70.5
全臂长	46.0	47.5	49.0	50.5	52.0	53.5	55.0	56.5
腰围高	89.0	92.0	95.0	98.0	101.0	104.0	107.0	110.0
胸围	72	76	80	84	88	92	96	100
颈围	31.2	32.0	32.8	33.6	34.4	35.2	36.0	36.8
总肩宽	36.4	37.4	38.4	39.4	40.4	41.4	42.4	43.4
腰围	54　56	58　60	62　64	66　68	70　72	74　76	78　80	82　84　86
臀围	77.4　79.2	81.0　82.8	84.6　86.4	88.2　90.0	91.8　93.6	95.4　97.2	99.0　100.8	102.6　104.4　106.2

表1-9 女子5·4（5·2）B号型系列控制部位数值

单位：cm

B体型

数值

部位								
身高	145	150	155	160	165	170	175	180
颈椎点高	124.5	128.5	132.5	136.5	140.5	144.5	148.5	152.5
坐姿颈椎点高	57.0	59.0	61.0	63.0	65.0	67.0	69.0	71
全臂长	46.0	47.5	49.0	50.5	52.0	53.5	55.0	56.5
腰围高	89.0	92.0	95.0	98.0	101.0	104.0	107.0	110.0

部位											
胸围	68	72	76	80	84	88	92	96	100	104	108
颈围	30.6	31.4	32.2	33.0	33.8	34.6	35.4	36.2	37.0	37.8	38.6
总肩宽	34.8	35.8	36.8	37.8	38.8	39.8	40.8	41.8	42.8	43.8	44.8

部位																						
腰围	56	58	60	62	64	66	68	70	72	74	76	78	80	82	84	86	88	90	92	94	96	98
臀围	78.4	80.0	81.6	83.2	84.8	86.4	88.0	89.6	91.2	92.8	94.4	96.0	97.6	99.2	100.8	102.4	104.0	105.6	107.2	108.8	110.4	112.0

表1-10 女子5·4（5·2）C号型系列控制部位数值

单位：cm

C体型

数值

部位								
身高	145	150	155	160	165	170	175	180
颈椎点高	124.5	128.5	132.5	136.5	140.5	144.5	148.5	152.5
坐姿颈椎点高	56.5	58.5	60.5	62.5	64.5	66.5	68.5	70.5
全臂长	46.0	47.5	49.0	50.5	52.0	53.5	55.0	56.5
腰围高	89.0	92.0	95.0	98.0	101.0	104.0	107.0	110.0

部位												
胸围	68	72	76	80	84	88	92	96	100	104	108	112
颈围	30.8	31.6	32.4	33.2	34.0	34.8	35.6	36.4	37.2	38.0	38.8	39.6
总肩宽	34.2	35.2	36.2	37.2	38.2	39.2	40.2	41.2	42.2	43.2	44.2	45.2

部位																								
腰围	60	62	64	66	68	70	72	74	76	78	80	82	84	86	88	90	92	94	96	98	100	102	104	106
臀围	78.4	80.0	81.6	83.2	84.8	86.4	88.0	89.6	91.2	92.8	94.4	96.0	97.6	99.2	100.8	102.4	104.0	105.6	107.2	108.8	110.4	112.0	113.6	115.2

表 1-11 男衬衫规格表 单位：cm

号/型	领围（N）	胸围（B）	肩宽（S）	衣长（L）	袖长（SL）
170/88A	36.8+2.2	88+20	43.6+2.4	66.5+2.5	55.5+3.5

四、思考与实训

1. 简述号型及号型系列的定义。

2. 男、女体型分类标准有何差异？

3. 简述号型与规格的差异。

4. 任选十位同学，测量并记录各同学的控制部位尺寸，与国家标准的数值进行比较。

第二节 服装结构基础

服装结构是对立体服装进行合理分解后，分别确定各部分的平面形状，包括制图与制板两部分。

一、结构制图

结构制图需要在理解结构图的基础上进行 1∶1 制图，制图过程中有相应的规范性要求。

（一）制图常用工具

制图常用的工具有以下几类，如图 1-1 所示。

（1）笔：主要用笔是铅笔，可以直接选用一定粗度的自动铅笔，以保证图线粗细均匀。

（2）橡皮：使用绘图橡皮，去除铅笔字迹效果最好。

（3）尺类：常用的有打板专用直尺、曲线尺、比例尺、三角尺、皮尺等。

（4）剪刀：剪纸样的必备工具，尺码大小根据使用者的需要选择。

（5）复描器：复制纸样的专用工具，使用时需要在制图桌上加垫卡纸。

（6）其他：特殊情况下需要使用一些辅助工具，如圆规、量角器等。

（二）制图中常用的线型、符号及部位代号

1. 图线要求及用途

在进行服装结构制图时，线的类型、粗细都有特定的表达内容，绘图时要遵照要求，识图时要有依据，具体内容见表 1-12。

表 1-12　服装结构制图线型 单位：mm

序号	名称	形式	粗细	主要用途
1	粗实线	▬▬▬▬▬▬	0.9	服装和部件的轮廓线、部位轮廓线
2	细实线	 ———————	0.3	结构图的基本线、辅助线、尺寸标记线
3	粗虚线	▬ ▬ ▬ ▬	0.9	背面轮廓影示线
4	细虚线	 - - - - - - - -	0.3	缝纫明线线迹
5	点划线	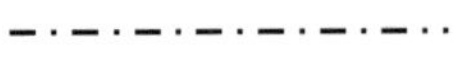 -·-·-·-·-·-	0.3	对称折叠线
6	双点划线	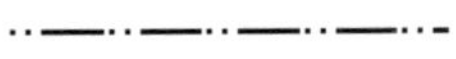 ··-··-··-··	0.3	某部分需折转的线，如驳领翻折线

注　虚线、点划线、双点划线的线段长度与间隔应均匀，首末两端应是线段（参照 FZ/T 80009—2004）。

2. 制图符号及其含义

制图符号是指制图中具有特定含义的记号，要求认识这些符号，并能在制图时正确使用，具体内容见表 1-13。

表 1-13　服装结构制图常用符号

序号	名称	形式	含义
1	等分线		等分某线段
2	等量符号	 ● ○ □ △	用相同符号表示两线段等长
3	省道	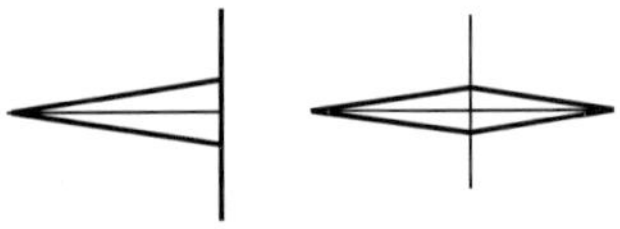	需折叠并缝去的部位
4	单向折裥	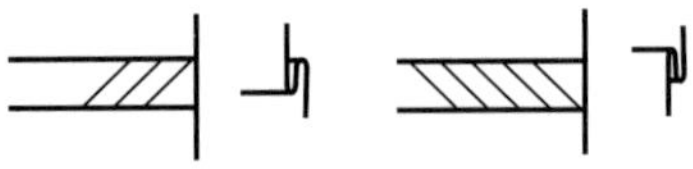	按一定方向有规律地折叠
5	明裥符号	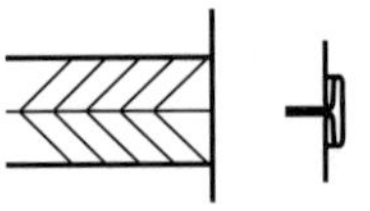	两裥相对折叠
6	暗裥符号	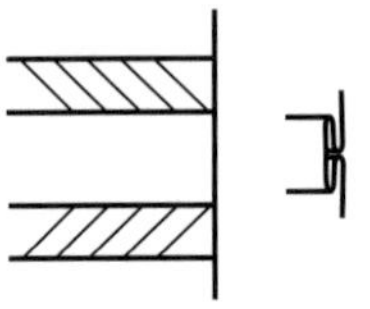	两裥相背折叠

续表

序号	名称	形式	含义
7	缩缝	 〰〰〰	布料缝合时收缩
8	垂直符号	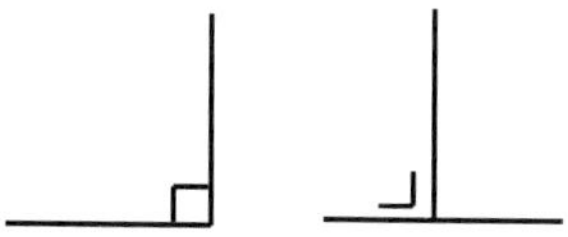	两线相交成90°
9	重叠符号	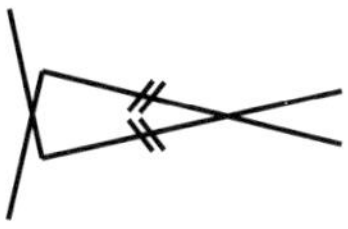	两裁片交叉重叠，两边等长
10	拼接符号		两部分对应相连，裁片时不能分开
11	经向符号	 ↕	对应衣料的经纱方向
12	顺向符号	 →	绒毛或图案的顺向
13	斜纱方向	 ✕	符号对应处用斜料
14	距离线		标注两点间或两线间距离
15	拉链	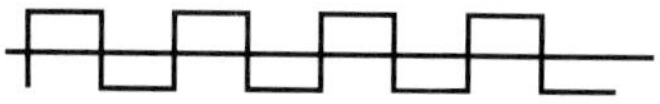	装拉链，如符号上有数字，则表示需要缝份的宽度
16	归拔符号	归 拔	表示制作时对应部位需要被归拢或拔长

3. 制图中的部位代号

在服装结构制图中，为了简洁，常用代号表示部位及部位线。这些符号一般是取相应的英文单词首字母或其组合的大写形式表示，见表1-14。

表1-14 服装结构制图的部位代号

部位	代号	英文	部位	代号	英文
领围	N	Neck	后颈点	BNP	Back Neck Point
胸围	B	Bust	肩端点	SP	Shoulder Point
腰围	W	Waist	前中心线	FCL	Front Center Line
臀围	H	Hip	后中心线	BCL	Back Center Line
肩宽	S	Shoulder	总体长（颈椎点高）	FL	Full Length
衣长	L	Length	后腰节长	BWL	Back Waist Length
袖隆	AH	Arm Hole	前腰节长	FWL	Front Waist Length
胸高点	BP	Bust Point	前胸宽	FBW	Front Bust Width
领围线	NL	Neck Line	后背宽	BBW	Back Bust Width
上胸围线	CL	Chest Line	袖山	AT	Arm Top
胸围线	BL	Bust Line	袖肥	BC	Biceps Circumference
下胸围线	UBL	Under Bust Line	袖隆深	AHL	Arm Hole Line
腰围线	WL	Waist Line	袖口	CW	Cuff Width
中臀围线	MHL	Middle Hip Line	袖长	SL	Sleeve Length
臀围线	HL	Hip Line	底领	CS	Collar Stand
肘线	EL	Elbow Line	裤长	TL	Trousers Length
膝围线	KL	Knee Line	下裆长	IL	Inside Length
大腿根围	TS	Thigh Size	前上裆	FR	Front Rise
侧颈点	SNP	Side Neck Point	后上裆	BR	Back Rise
前颈点	FNP	Front Neck Point	脚口	SB	Slacks Bottom

4. 制图中的尺寸标注

服装结构制图的公式及尺寸，具体地说明图线间的比例关系，只有完全掌握了尺寸关系后，才能绘制出准确的结构图。

（1）尺寸标注的基本规则：

①所有部位的尺寸均以cm（厘米）为单位。

②标注的数值应为实际尺寸，不能按比例变化。

③各部位的尺寸只标注一次。

④标注尺寸线不能与其他图线重合。

⑤书写文字方向必须与标注方向一致。

（2）尺寸标注：

①点与线（点）的距离标注：距离较大时，可直接在点线间引直线标注，如图1-2中的前领深；若距离较小时，可分别从两个位置引线，在适当位置做标注，如图1-2中的冲肩量（1.8cm）。

②线与线的距离标注：距离较大时，可在轮廓线外直接引线标注，如图1-2中的胸围线高度；若需要在轮廓线内标注，可直接在两线间垂直方向引线标注，如图1-2中的前胸宽；间距较小时，可以直接在两线间标注数值，如图1-2中的省口位置（$B^*/32$，B^*指净胸围）。

③线与线的角度标注：可以直接标注角度，如图1-2中的胸省大，也可以标明相邻两直角边的长度比，如图1-2中的肩斜。

④轮廓线长度的标注：用符号表示轮廓线的长度时，可直接标在轮廓线上，如图1-2中的前领窝。

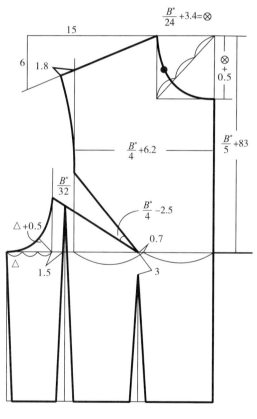

图1-2　尺寸标注

（三）衣片部位名称

为使制图规格与量体尺寸相对应，主要的结构线被赋予了与人体部位相应或相关的名称。

1. 上衣中主要部位结构线的名称，如图 1-3 所示。

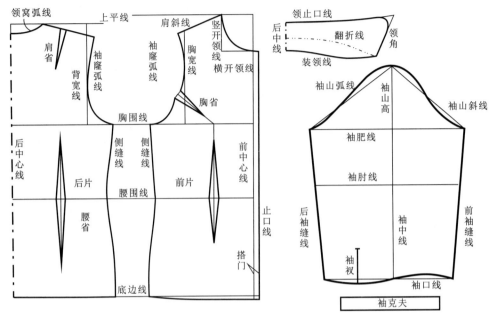

图 1-3 上衣结构线名称

2. 裤装中主要部位结构线的名称，如图 1-4 所示。

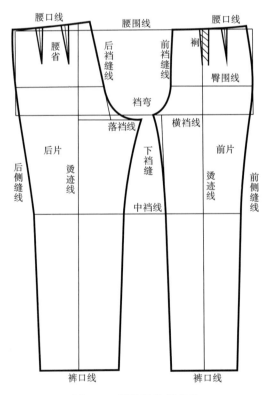

图 1-4 裤装结构线名称

3. 裙装中主要部位结构线的名称，如图 1-5 所示。

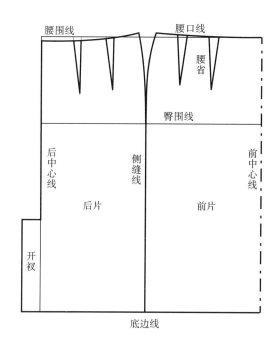

图 1-5　裙装结构线名称

（四）制图的具体要求

1. 制图顺序

（1）图线的绘制顺序：制图时，一般先以长度为基础（一条竖直线），确定围度、宽度方向的基本线（水平线），如上平线、底边线、胸围线等；而后以围度为基础（一条水平线），确定长度方向的基本线（其他竖直线），如前中心线、侧缝线、胸宽线等。完成所有基本线后，再由轮廓线的某一点开始，顺（逆）时针方向依次作出衣片轮廓线，以保证轮廓线的完整、连贯。

（2）衣片的绘制顺序：制图时，男装画左半身，女装画右半身。上衣绘制顺序一般为后片、前片、领片、袖片，裤装与裙装绘制顺序为前片、后片、腰头。主要部件绘制完成后，再由大到小绘制零部件，但顺序要求并不十分严格。一些小而且形状简单的部件可以不画，如串带襻、滚条等。

（3）上、下装的制图顺序：一般为先上后下。

（4）面、辅料的制图顺序：先作面料图，再作里料图、衬料图及其他辅料图。

2. 图线及整体要求

（1）规格正确，公式尺寸计算准确。

（2）基本线横平竖直，轮廓线光滑圆顺。

（3）图线使用规范，线条均匀。

（4）部件齐全，标注完整。

（5）制图布局合理，图面整洁。

二、样板制作

服装样板的制作需要在结构图完成之后，经过拷贝使各衣片完整分离，再进行纸样调整、缝份与贴边的加放、文字与符号的标注等。

（一）拷贝纸样

通常使用复描器拷贝纸样，称为点印法，也可以借助专业拷贝台完成复制。点印法方便而且准确，使用广泛，因此以点印法为例介绍纸样拷贝。

1. 准备

为了避免复描器损坏桌面，拷贝纸样之前，需要准备一张整开的卡纸垫在制图桌上，并将结构图与样板纸重叠固定于卡纸上。

2. 拷贝顺序

需要拷贝的线包括重要的基本线、轮廓线与所有标记，基本线主要确定水平、竖直方向，如前中心线、后中心线、胸围线、腰围线、臀围线等。拷贝顺序为先拷贝基本线，再拷贝轮廓线。基本线由上而下，轮廓线从某个角点开始，逆（顺）时针逐点进行，避免遗漏。标记与轮廓线同步拷贝。

3. 拷贝方法

拷贝直线时，只需要复制两端点，每个点都需要两段互相垂直的线段（约 2cm）交叉确定，交点即为拷贝点；拷贝曲线时，两端点的复制方法同前，中间段根据曲度，沿轮廓线间隔 2~3cm 点压一次，切忌复描器沿整条轮廓线滚动，既损坏结构图，又会使得拷贝样不准确。为放毛样作准备，拷贝的衣片之间应留出大于两个缝份的间隙。如果衣片有交叉重叠部分，拷贝完一片后，保持相应水平线在同一高度，将结构图平移，留出足够空隙后继续拷贝下一片。

点压完成后，需要逐点确认无遗漏，方可取下结构图，进行拷贝样的描绘。连线顺序与拷贝顺序一致，注意明确标记，并在适当位置画出纱向符号。所有衣片复制完成后，都需要确认与结构图的一致性。

特别提醒：结构图需要整张保存，以备制板、裁剪、缝制过程中遇到问题时核对，成品完成后作为资料留用。

4. 纸样调整与确认

拷贝好的纸样需要进一步调整、确认、修正。

纸样的调整包括省道转移、领面分割、调整止口，过面驳头加出折转量、双折部位的对称复制等。

纸样的确认分几个方面：首先对照规格表，检验各主要部位尺寸是否准确；其次检查相关部位是否匹配，如前后侧缝形状与长度的一致性、前后肩缝等长或有吃势、领窝与装领线长度关系、袖山与袖窿间的吃势分布等；然后检查衣片拼接后轮廓线的圆顺情况，如拼合肩缝后领窝及袖窿的圆顺度、拼合袖缝后袖山及袖口的圆顺度、拼合侧缝及分割线后底边的圆顺度等，如图 1-6 所示。后两项检查需要在硫酸纸或拷贝纸上拷贝局部轮廓线后进行，检查发现有不合适的部位，须根据情况修正。

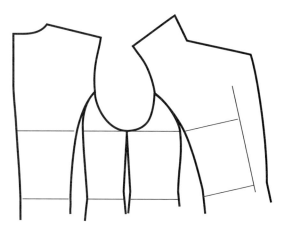

图 1-6　袖窿圆顺度检查

(二) 加放缝份与贴边

缝份是指衣片拼接后反面被缝住的部分，是衣片上的必要宽度。贴边是指服装止口部位反面被折进的部分，也是衣片上的必要宽度。制作样板时，需要根据工艺要求适当加放。

1. 加放缝份

一般情况下缝份宽度为1cm，具体加放时需要根据情况调整。

（1）根据缝型加放：机缝工艺部分介绍了八类缝型、14种常用针法，不同缝型与针法需要的缝份也不相同，常用针法需要的缝份见表1-15。

表 1-15　常用针法需要的缝份加放量

针法	缝份
平缝、分坐缉缝	两片各放1cm
钩压缝、骑缝	两片各放1cm
坐缉缝、压缉缝	两片均为大于明线宽度0.2~0.5cm
滚包缝	一片0.7cm，另一片2cm
来去缝	两片各放0.8~1cm
明（暗）包缝	一片大于明线宽度0.2cm，另一片是其双倍
搭缝	两片各放0.5~1cm
排缝	两片均不放

（2）根据面料加放：样板的放缝需要考虑面料的质地。质地厚的面料需要较大的折转量，放缝时需多加两倍面料厚度，但按照正常宽度缝合。质地松散的面料考虑到裁剪和缝制时的脱散损耗，适当加宽缝份。厚度一般、质地紧密的面料按常规加放。

（3）根据工艺要求加放：服装的某些特殊部位放缝时有特别要求，需要特别处理。例如，裤片后裆缝的放量如图 1-7 所示，装拉链的部位需要 1.5~2cm 缝份。放缝也与轮廓线形状有关，较直的部位正常加放，弧线的部位加放量较少，且弧度越大加放越少，以免影响缝口平服。

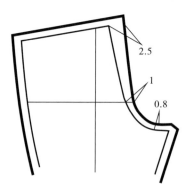

图 1-7　裤片后裆放缝

2. 加放贴边

贴边宽度与所处部位及止口形状有关，直线或接近直线的止口处可以直接加出贴边宽度，称为连裁贴边或自带贴边；止口为弧线的部位，贴边需要另外拷贝相应边缘区域 3~5cm 宽，然后加放缝份，称为另加贴边。

不同部位的连裁贴边宽度会有所不同，表 1-16 为常用贴边参考加放量。

表 1-16　常用贴边参考加放量

部位	加放量
门襟	衬衣 3~4cm，装拉链外套 5~6cm，单排扣外套 7~8cm，双排扣外套 12~14cm
底边	圆摆衬衫 1~1.5cm，平摆衬衣 2~3cm，外套 4cm，大衣 5~6cm
袖口	衬衣 2~3cm，外套 3~4cm（通常与底边相同）
袋口	明贴无盖式大袋 3~4cm，有盖式大袋 2cm，斜插袋 3cm
开衩	不重叠类 2cm，重叠类 4cm
裙底边	弧度较大 1.5~2cm，一般 3cm
裤脚口	短裤 3cm，长裤 4cm

连贴边的轮廓要求与折转后对应区域的衣片一致，加放贴边时，应该以止口线为轴，根据宽度要求作衣片轮廓的对称线，如图 1-8 所示。

3. 轮廓角点的加放

轮廓线转折部位的加放需要考虑满足双向的要求，基本要求是衣片连接后轮廓线顺直。具体放缝方法如图 1-9 所示，需要先将净样拼合然后逐步确定放缝量。从图中可以看出，如果拼合部位的相应角均为直角，可以直接顺延双向缝份，相交即可；如果拼合部位的相应角互为补角，则不可以省略拼合步骤，否则容易造成两条

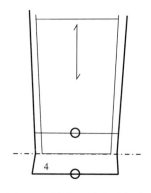

图 1-8　裤脚口贴边的加放

缝合线不等长；如果服装有衬里，角点处缝份可以做成直角，称为方头缝；如果服装无衬里，则应该严格按照对称要求加放缝份。

（三）做标记

做标记是保证成品服装质量的有效手段，通常标记分为对位标记和定位标记两种。

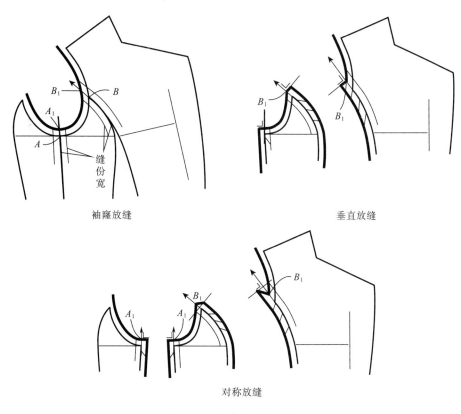

袖窿放缝　　　　　　　　　　　　垂直放缝

对称放缝

图1-9　轮廓角点的放缝

1. 对位标记

对位标记是衣片间连接时需要对合位置的记号，具体位置及数量根据缝制工艺要求而确定。例如，绱领对位点、绱袖对位点、上衣侧缝腰节线对位点、裤装侧缝中裆线对位点等，侧缝对位点控制等长缝合，而绱袖对位点控制袖山吃势大小及分布。轮廓线上需要做标记的位置用专业剪口钳剪出0.5cm深的剪口，如图1-10所示，也可用剪刀剪出0.5cm深的三角形剪口。

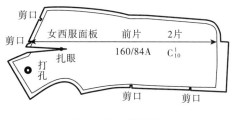

图1-10　做标记

2. 定位标记

定位标记是衣片内部需要明确定点位置的记号，如收省的位置、口袋的位置等。需要做记号的点位用锥子扎眼，孔径约为0.3cm。为避免缝合后露出锥眼，扎眼时一般比实际位置缩进0.3cm左右，如图1-10所示。

（四）标注文字与符号

样板是重要的技术资料，裁剪与缝制过程中都要用到，而且每套样板都包括许多样片，为方便使用，在每个样片上都应该做必要的文字标注。

1. 名称标注

名称标注包括款式名称（如女衬衫）、样片名称（如面板、里板）、衣片名称及片数（如前衣片 2 片）。

2. 号型或规格标注

号型或规格表明样板的尺寸，需要明确标注。

3. 数量标注

每套样板由许多样片组成，为避免遗漏，要对样片统一编号，用 C_n^1 表示。其中下角标 n 表示该套样板的样片总数，上角标 1、2、3……表示本样片的序号，由大片排起。

4. 纱向标注

每个样片都有明确而严格的用料方向，为方便使用，样片的正、反面都应该画出贯穿衣片的纱向符号，而且方向必须一致。如果面料有顺向要求，则应该画出顺向符号。所有文字标注分列于纱向符号两侧，整齐、便于查看。

5. 其他标注

样片上还需要签注姓名和日期等基本信息。

（五）样板的检验与确认

样板全部完成后，必须经过检验与确认无误后才可以剪下备用。每个样片在某一侧的中间位置，比轮廓线偏里 3~4cm 处打孔，可以用线绳穿起，便于悬挂保存，如图 1-10 所示。

1. 规格的检验与确认

样板规格必须与规格表一致，需要分部位测量确认。

2. 缝合边的检验与确认

相互对应的缝合边有形状与长度的要求，平接部位应该形状一致、长度相等，非平接部位两边不等长，但差值确定，而且明确界定在某个区域，需要分段检验。

3. 衣片组合的检验与确认

将样片相关部位拼接后，检查整体轮廓的圆顺度。

三、思考与实训

1. 绘制结构图时应该按照怎样的顺序进行？
2. 拷贝样板时需要注意哪些问题？
3. 纸样确认包括哪些内容？
4. 加放缝份时需要考虑的因素有哪些？
5. 样板标记分为哪几类？如何在样板上做标记？
6. 说明样板上需要标注的内容。

第三节　服装工艺基础

服装工艺是根据服装造型需要，将平面的服装材料裁剪为特定形状的裁片，并借助专业设备，将各裁片有序组合为成衣的过程。主要包括裁剪工艺和缝制工艺两部分。

一、裁剪工艺

裁剪工艺的任务是把服装材料按照样板要求剪成裁片。具体工作分为排料和裁剪两部分。

（一）排料

排料是将服装样板在面料幅宽范围内合理排放的过程。为了保证裁片质量并尽可能降低材料成本，排料需要做到严谨而合理。

1. 排料原则

（1）保证设计要求：当服装款式对面料花型、条格等具有一定要求时，样板的选位必须能保证成衣效果要求。

（2）符合工艺要求：服装工艺设计时对衣片的用布方向、对称性、对位及定位标记都有严格要求，排料时必须严格遵循。

（3）节约用料：服装材料成本是总成本的主要组成部分，减少耗材便可以降低成本，所以在保证设计与工艺要求的前提下，尽可能节约用料是排料应遵循的原则。

2. 排料的要求

（1）样板确认：复核样板各部位尺寸；清点样板数量，保证部件齐全，不多不少；检查标注内容是否完善，包括对位标记、定位标记、正反面纱向符号等。

（2）衣片对称：服装中大多数衣片具有对称性，制作样板时通常只制出一片，单层排料时特别注意需要将样板正面、反面各排一次，所以要求样板正、反面都要有纱向符号，并且必须方向一致，避免排料时出现"一顺"或漏排现象。如果衣片不对称，必须确认正面效果，以防左右颠倒。

（3）标记完整：全部对位标记、定位标记都需要复制于裁片上，以确保缝制工艺正常完成。

（4）纱向要求：严格地讲，排料时必须使样板上的纱向符号与布边保持平行，某些情况下，为了节约用料，一些用料可以允许少量偏斜（≤3%）。表1-17中列举了几种情况。

表 1-17　允许纱向调整的情况

项目	不允许	允许少量
服装档次	高档产品	中低档
着装要求	讲究着装仪表	日常生活
面料特点	对条对格对花类	无花纹素色类
衣片部位	直接影响外观及造型的部位	次要部位

国家标准对纱向要求有明确的规定，以衬衫为例，前身顺翘，不允许倒翘，后身、袖子允斜程度见表1-18。

表1-18 衬衫纱向允斜程度　　　　　单位:%

面料	等级		
	优等品	一等品	合格品
什色	≤3	≤4	≤5
色织	≤2	≤2.5	≤3
印花	≤2	≤2.5	≤3

（5）色差规定：有些服装面料存在色差，排料时要注意重点部位样板位置的选择，要求符合国家标准的规定（表1-19）。

表1-19 服装色差国家标准

类别	高于4级	4级	3~4级
衬衫	领面、过肩、口袋、袖头面与大身色差	其他部位	衬布影响色差
棉服	上衣领、袋、裤侧缝部位	其他表面部位	
西裤	其他表面部位	下裆缝、腰头与裤片	
女西服	其他表面部位	袖缝、侧缝色差	
风衣	领、驳头、前披肩	其他表面部位	里布

（6）对条对格：对条对格是排料时要求各类相关衣片的条格对称吻合，以保证成衣的外观。普通服装主要对条格的部位如图1-11所示。

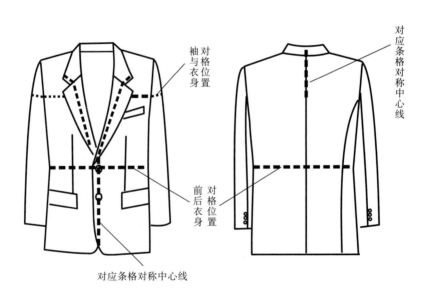

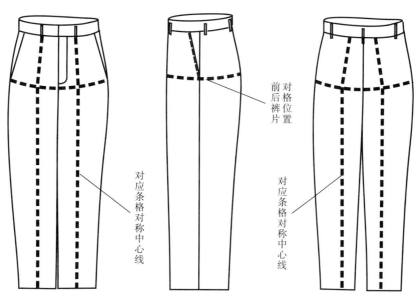

图 1-11　服装对条对格要求

①上衣：左右衣片门襟、前后衣片侧缝、袖片与衣片、后衣片中线、左右领角等。
②裤子：前后片侧缝、前裆缝、后裆缝等。
国家标准规定的衬衫对条对格要求见表 1-20。

表 1-20　衬衫对条对格规定

部位名称	对条对格规定	备注
左、右前身	条料顺直，格料对格，互差不大于 0.3cm	格子大小不一致时以前身 1/3 上部为准
袋与前身	条料顺直，格料对格，互差不大于 0.3cm	格子大小不一致时以袋前部中心为准
斜料双袋	左右对称，互差不大于 0.5cm	以明显条为主（阴阳条除外）
左右领尖	条格对称，互差不大于 0.3cm	阴阳条格面料以明显条格为主
袖头	条格顺直，左右以直条对称，互差不大于 0.3cm	以明显条格为主
后过肩	条料顺直，两头对比差不大于 0.4cm	—
长袖	条料顺直，以袖山为准左右对称，互差不大于 1cm	3cm 以下格料不对横，1.5cm 以下不对条
短袖	条料顺直，以袖口为准左右对称，互差不大于 0.5cm	3cm 以下格料不对横，1.5cm 以下不对条

3. 排料方法

排料前，面料需要经过预缩、烫平、整纬等处理。单件裁剪时，面料有三种平铺方式，如图 1-12 所示。一是单层平铺于裁案，反面朝上，布边与案边平行；按个人习惯由左（右）下角处排起。二是双层铺料，将面料正面相对，两侧布边叠合后置于靠近裁案边一侧，双折边在内侧。三是将面料沿经纱方向部分双折，折叠宽度根据样板需要，双折边靠近裁案边一侧。

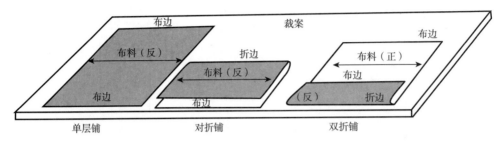

图 1-12　铺布方式

具体排料时，有"先大后小，紧密套排，缺口合并，合理拼接"的技巧。

（1）先大后小：排料时，先排重要的大片，保证工艺要求，小片填补空隙，合理穿插。

（2）紧密套排：样板形状各有不同，排料时尽可能做到直线对合，斜线反向拼合，凹凸相容，紧密套排。

（3）缺口合并：样板间的余料互相连续时，便于小片的插入，所以可以把两片样板的缺口拼在一起，加大空隙。所以双层铺料时要求由布边处排起，余料留在双折区域，可利用的机会较多。

（4）合理拼接：服装零部件的次要部位，在技术标准内允许适当拼接，目的是提高布料的利用率；但拼接时，多一道工序，耗材耗工，需要权衡利弊，慎重采用。拼接要以不影响外观为原则。国家标准对表面部位拼接范围有明确的规定（表 1-21）。

表 1-21　国家标准对服装拼接的规定

类别	拼接要求
衬衫	全件产品不允许拼接
男西服	耳朵皮允许两接一拼
男大衣	过面允许在两扣眼之间两接一拼，耳朵皮允许两接一拼
女西服	同男西服
女大衣	同男大衣
西裤	腰头面、里允许拼接一处，男裤拼缝在后中缝处，女裤拼缝在侧缝或后中缝
风衣	挂面在驳头下、最低扣位以上可一拼，避开扣眼位，领里对称一拼（立领不允许）

4. 样板的拷贝

将样板排列定位后，用画粉或水溶性彩笔拷贝到布料上。为保证拷贝的一致性，需临时将样板与布料固定，画线尽可能清晰、细而均匀。同时注意标记，确保拷贝全部完成后，才可以将样板移开，并按顺序整理后保存，备用。

（二）裁剪

裁剪需要将布料的全部样板拷贝样分别剪开。

1. 工艺要求

精确性是裁剪工艺的主要工艺要求，为此，裁片时必须沿画线外沿剪。裁剪顺序为先小后大，因为先裁大片的话，余下的布料面积小而且零乱，不易把握，容易造成裁片变形或漏裁。

2. 裁剪方法

裁剪操作时，需要右手执剪，剪刀前端依托裁案，较直的裁边部位刃口尽量张开，一剪完成后，再向前推进，减少倒口；裁剪曲度较大的部位时刃口只需要张开一半，边裁边调整前进方向；同时左手轻压剪刀左侧布料，随剪刀跟进，双层裁剪时左手辅助尤其重要，可减少上下层裁片的误差。切忌将布料拎起，离开裁案裁剪。

裁片分离后，在需要的位置扎眼、画线或打剪口做标记，要求位置准确，不能遗漏。特别注意打剪口的深度要求为"1/3 缝份＜深度＜1/2 缝份"，剪口过深会影响缝合，过浅会不易对合。

3. 裁片检查

对裁好的衣片进行质量与数量的检查是必需的工作，通常称为验片。检查包括以下几项：

（1）形状准确：裁片与样板的尺寸、形状保持一致，左右对称，正反无误，边缘整齐圆顺。

（2）标记齐全：裁片上剪口与定位孔清晰，位置准确，无遗漏。

（3）数量一致：裁片与样板要求数量一致，无遗漏或多余。

（4）条格对应：要求条格对应的部位相合。

（5）外观合格：裁片纱向、色差、残疵等项符合标准要求。如果检查有不合格的衣片，需要更换。

二、缝制工艺

缝制工艺是指将裁好的衣片按一定的顺序及组合要求缝制成服装的过程，服装工艺设计主要指缝制工艺设计，包括流程设计、部位与部件工艺设计、组合工艺设计，并完成相关的工艺文件。

（一）流程设计

流程设计是针对工艺特点及要求进行缝制顺序的安排。为方便表达流程，必须明确缝制过程中各部位的先后关系，每个部位各步骤的先后顺序，也就是通常所说的工序。

1. 工序划分

划分工序需要详细了解服装外观要求、规格与结构、工艺方法及技术要求，通过对成衣全部操作内容的分析与研究，以加工部件和部位为对象，按其加工顺序划分。

加工顺序一般为先小后大，先局部后整体。具体划分时，要做到既不影响成衣效果，又便于操作；既要保证成品质量，又要考虑工作效率；既要考虑传统工艺，又要积极摸索和采用新工艺、新技术、新设备。

2. 工艺流程

以框图的形式表达划分好的工序，称为工艺流程框图。框图可以概括地表达工艺流程，便于初学者掌握，图1-13为女衬衫缝制工艺流程。

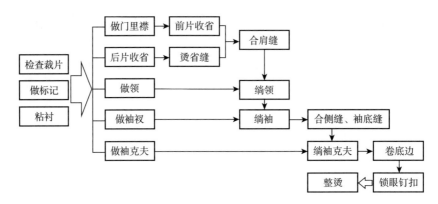

图1-13　女衬衫缝制工艺流程

(二) 部位与部件工艺

服装一般都由衣片和部件组成，不同部位的衣片有不同的工艺方法及要求，称为部位工艺；部件与衣片相对独立，不同部件的工艺方法及要求也不同，称为部件工艺。

1. 部位工艺

衣片上常见的部位工艺如收省、拼合分割线、局部装饰、边缘止口等。

2. 部件工艺

常见的部件有领、门襟、口袋、袖、开衩、袖头（袖克夫）、带类、襻类等。

不同部件工艺不同，同类部件具体工艺方法也不尽相同，部件工艺作为服装工艺中的重点与难点部分，需要多学多练，举一反三。

(三) 组合工艺

工艺流程设计时，要求先局部后整体，局部指的是部位和部件工艺，整体指的是部位衣片的组合及部件与衣片的组合，称为组合工艺。

不同部位及部件的组合方式会有所不同，需要根据工艺方法进行，但常规的工艺要求是基本一致的，即组合位置准确，接合平服，顺序合理。

(四) 工艺文件

工艺文件是服装缝制工艺的指导性文件，包括具体的工艺说明及要求，通常以工艺单的形式加以明确，见表1-22。

表 1-22　工艺单

名称	袖套
规格	上口周长 35cm，下口周长 30cm，长度 35cm
成品图	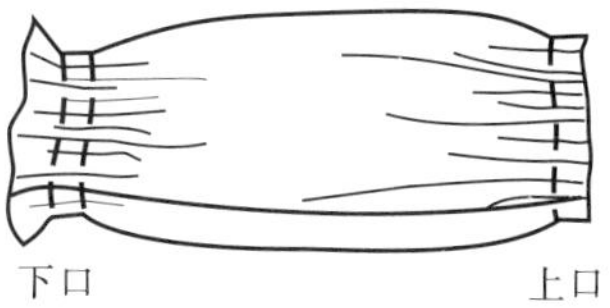
工艺图	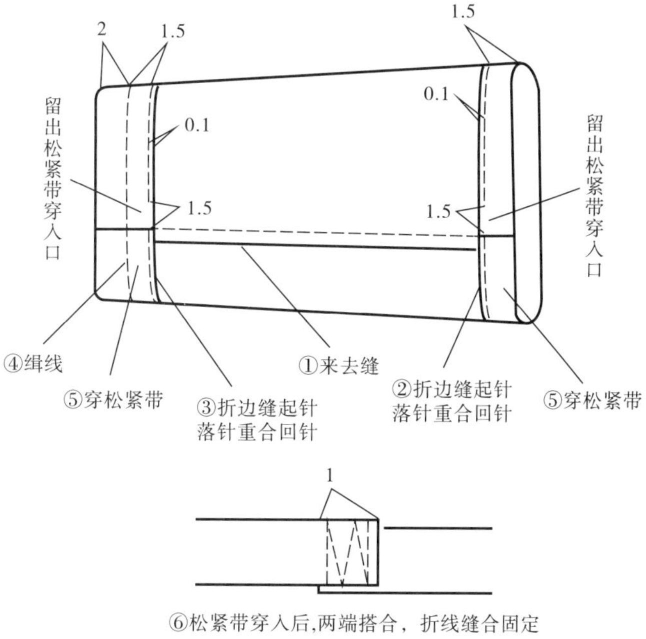

三、质量检查

为保证成品符合质量要求，需要随工艺进行检查，如样板质量检查、裁片质量检查、缝制质量检查、熨烫质量检查等。工艺完成后还需要进行成品质量检查。

检查的方式分三个层次：自检，每部分工作完成后，养成自觉复查的好习惯，发现问题及时修正；互检，同学间交互检查，查的过程也是互相学习的过程；专检，专职的质检人员（老师）把关，确保成品质量。

服装成品的部位按照对外观影响程度的大小分为四个等级，如图 1-14 所示。其中 0 级为最重要部位，衬衫前领区域属于该等级，1、2、3 级依次降级。等级越高的部位对面料和工艺的要求越高。

各类服装质量标准国家有统一的规定，检查应该遵照规定执行。

图 1-14　服装成品部位划分

四、模板技术的应用

服装模板技术是基于服装工艺与机械工程以及 CAD 数字化原理相结合的新型技术，通过在模具材料上开槽，实现按照模具轨迹进行缝纫的一种技术。模板技术的应用是一种半自动化的生产方式，通过设计模板，编排模板工艺，可以使生产成品标准化、程式化、同质化。

（一）服装模板

服装模板是现今服装生产最先进的工艺之一，可以将复杂工序简单化、标准化，提升效率，降低品质不良率，提高品质及生产时间的稳定性，减少对高技能人员的依赖程度。

1. 模板的制作工艺流程

服装模板是利用切割设备，在透明的有机胶板（图1-15）上按缝制工艺要求的尺寸开槽，具体制作流程如下：

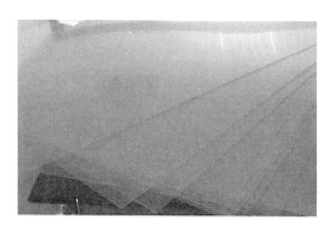

图1-15 模板用有机胶板

（1）设计模板：利用服装工艺模板系统进行模板的设计，注重细节的工艺要求以及线条的流畅、精度的控制。

（2）切割模板：模板的切割有传统的切割方式，又有现代化的激光切割技术，保证切割精度以及痕迹流畅是模板切割的基本要求。

（3）制作模板：模板切割完成后，需要根据工序进行模板的合理粘贴，保证粘贴精度以及简化作业步骤是模板制作最高要求。人工切割模板时，粘贴会在切割之前进行。除此之外，还会依据工艺要求加设垫层、防滑条、定位针、挂线板等辅助部件。

（4）检验模板：模板完成之后进行最后的检验，确保无误。

2. 模板的作用

服装模板由两片完全相同的模板连接固定并可以开合，缝料按照准确位置固定在两层模板之间。缝纫时机针在槽中运行缝线，可以保证缝线标准；上下层模板可以很好地固定缝件，而且各层缝料受力情况相同，可以保证上下层缝合的平整性；两层模板之间还可以设计加层，能够满足层势的需要。

服装模板的制作是模板技术应用的重要技术保障，要求形状准确，方便使用。模板制作过程结合了服装样板与服装工艺技术，利用服装CAD进行设计、智能切割设备进行模具生成。模板只针对固定形状的缝制需要，重复利用率较低，特别适合同标准、大批量的服装生产。

（二）模板缝纫机

模板技术的实现需要模板缝纫机，一般服装模板缝纫机分为手动模板缝纫机、半自动模板缝纫机、全自动模板缝纫机。

1. 手动模板缝纫机

手动模板缝纫机是在普通平缝机的基础上进行技术改造，主要是更换模板用压脚、针板和送料牙,如图 1-16 所示。相对来说,性价比高,但是可操作幅面具有局限性,适用于小部件的模板缝制。

2. 半自动模板缝纫机

半自动模板缝纫机是在长臂机的基础上更换模板用压脚、针板和送料牙,如图 1-17 所示。由于臂长,操作空间大,对模板应用更加灵活。

图 1-16 模板用压脚、针板和送料牙　　　　图 1-17 长臂机的模板化缝制

3. 全自动模板缝纫机

全自动模板缝纫机是结合服装模板 CAD 软件、服装模板以及先进的数控技术进行全自动缝制,如图 1-18 所示。这种先进的设备不仅可以提升产品品质和生产效率,而且用自动化程度更高的电脑控制的机器代替原有的人工操作的缝纫机,减少了对高技能人员的依赖程度,在保证品质的同时,解决了产业工人用工短缺与技能缺陷等问题。

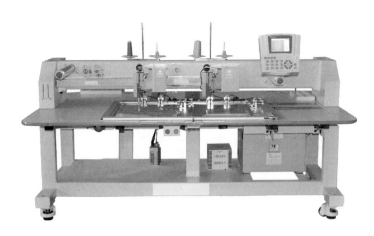

图 1-18 全自动模板缝纫机

(三) 服装模板技术的应用现状

至今,服装模板技术已基本成熟,与之相对应的 CAD 绘图软件的智能化、模板切割机的高效化,优化了服装模板技术,工艺应用从部件工序到整件工序,从部分类别服装到全部类别服装的应用。

　　模板技术的应用，不仅可以大幅提高整体生产效率，提升企业形象，提高企业竞争优势。同时降低了对工人技术的要求，从而解决服装企业长期以来招熟练工困难的问题和缓解工人短缺的问题。服装生产企业通过模板设计和编排模板工艺可以更加科学和精准地安排流水作业，使流水线更加合理化、精细化、准确化、程式化，有效地控制了生产成本，减轻了生产人员的工作压力。

　　越来越多的服装生产企业采用了模板技术，模板的设计与开发也成为目前服装企业技术革新的重要内容。

五、思考与实训

　　1. 排料时应该遵循的原则有哪些？

　　2. 排料有哪些要求？如何进行排料？

　　3. 裁片检查的项目有哪些？

　　4. 如何理解工序及工艺流程？

　　5. 常规的工艺要求有哪些？

　　6. 工艺单一般包括哪些内容？

　　7. 模板技术的应用现状如何？

基础理论与专业知识——

课题名称： 服装材料基础

课题内容： 面料

里料与絮填料

衬料

其他辅料

课题时间： 2 课时

教学目的： 通过该课程的教学，使学生系统地掌握服装常用材料的特点、主要性能和选择材料的原则。通过从理论教学到市场调研使学生熟悉常用面料和各种辅料，了解新型服装面料，为服装制作、备料、选料奠定基础。

教学方式： 理论讲授、展示各种材料实物，同时结合教材内容及学生具体情况灵活制订市场调研内容，加强课后作业辅导。

教学要求： 1. 掌握常用面料的性能和选择面料的方法。

2. 掌握里料的作用和选配方法。

3. 掌握衬料的种类、作用和选配方法。

4. 了解缝纫线、纽扣、花边等小辅料在服装制作中的合理应用和搭配。

5. 了解并收集新型服装面料。

第二章　服装材料基础

服装材料包括服装面料和服装辅料，除面料以外均称为辅料。里料、衬料和填充料是大辅料；缝纫线、纽扣、拉链、松紧带、商标、花边等属小辅料。本章分别讲述常用面料、里料、衬料和其他辅料的基本知识，供制作服装备料与选料时参考。

第一节　面料

服装色彩、服装材质和款式造型是服装的三要素。服装色彩和材质直接由服装面料来体现。款式造型也与面料的柔软、硬挺、悬垂及厚薄等密切相关。面料是构成服装的主体材料。

一、面料的分类

（一）按原料分类

面料按原料可分为天然纤维面料和化学纤维面料两大类。天然纤维面料有纯棉、纯毛、纯麻和真丝面料。化学纤维面料主要有：黏胶纤维或人造棉、天丝、涤纶、锦纶或尼龙、腈纶和新纤维（牛奶、大豆、玉米纤维）面料。此外，还有天然纤维和化学纤维两组分或多组分混纺面料。

（二）按纺织加工方法分类

按纺织加工方法，面料可分为机织面料、针织面料、非织造面料及毛皮面料四类。

1. 机织面料

机织面料是把经纱和纬纱相互垂直交织在一起形成的织物。其基本组织有平纹、斜纹、缎纹三种。

（1）平纹面料：指织物组织为平纹组织的面料。经、纬纱全部交错，交织点多，无浮纱，布面平整，质地紧密，坚牢而挺括，但手感较硬。平纹面料中，经向、纬向的纱线及其密度完全相同时，正反两面外观相同，称为平布；经向、纬向的纱线不同，或者经向、纬向密度不同，可以呈现凸条、隐条、隐格、泡泡等不同外观的平纹面料，如图2-1所示。

平纹面料适合制作衬衫、工作服等。

（2）斜纹面料：指织物组织为斜纹组织的面料。它是通过经纱浮点或纬纱浮点的浮长构成斜向织纹，如图2-2所示。根据斜纹方向又分为左斜纹和右斜纹，其主要特点是斜纹浮线较长，不交错的经（纬）纱易浮动靠拢，故面料柔软，光泽较好。

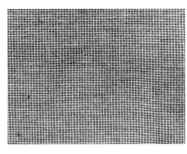

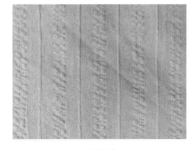

色织平布　　　　　　　　　　　　泡泡纱

图 2-1　平纹面料

斜纹面料适合制作西装、夹克、羽绒服或职业装等。

（3）缎纹面料：指经纱或纬纱在织物中形成一些单独的互不相连的经组织点或纬组织点，这些组织点被两旁的浮长线所"遮盖"，故有正反面之别。缎纹面料浮线越长，织物越柔软、平滑和光亮，但坚牢度越差，如图 2-3 所示。

缎纹面料适合制作旗袍、裙装、礼服等高档服装。

图 2-2　斜纹面料　　　　　　　　　图 2-3　缎纹面料

2. 针织面料

针织面料是用织针将纱线或长丝构成线圈，再把线圈相互串套而成。由于针织物的线圈结构特征，单位长度内储纱量较多，因此有很好的弹性，适合制作内衣、紧身衣、运动衣等弹性要求大的服装。针织面料分为经编、纬编两大类。

（1）纬编针织面料：将纱线由纬向喂入，同一根纱线依次弯曲成圈并相互串套而成的面料，外观呈现清晰的横行或者纵列，如图 2-4 所示。

（2）经编针织面料：多用于花边线圈的串套方向正好与纬编相反，是一组或几组平行排列的纱线，按经向喂入，弯曲成圈并相互串套，外观没有明显的纵横感，如图 2-5 所示。

3. 非织造面料

非织造面料是用纺织短纤维或者长丝进行定向或随机排列，形成纤网结构，然后采用机械、热黏或化学等方法加固定型而成的面料，如图 2-6 所示。非织造面料多用于一次性特殊服装、包袋等。

图 2-4　纬编针织面料

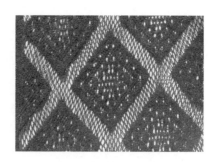

图 2-5　经编针织面料

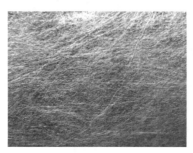

热黏法定型

机械法定型

图 2-6　非织造面料

4. 毛皮面料

毛皮面料是经过鞣制的动物毛皮面料，分为皮革和裘皮两类。

（1）皮革：经过去毛等加工处理的光面或绒面皮板。经过染色、印花或压花处理后，皮革可以呈现出各种华丽的外观风格，多用于制作时装、冬装，是高档的服装面料之一。

（2）裘皮：带毛鞣制而成的动物毛皮。它的优点是轻盈保暖，雍容华贵。它的缺点是价格昂贵，贮藏、护理方面要求较高。裘皮是防寒服的理想材料，它的皮板密不透风，毛绒间的静止空气可以保存热量，故保暖性强。它既可作为面料，又可作为里料或絮料。

二、常用服装面料

（一）纯棉机织面料

纯棉机织面料是服装加工中应用最广泛的天然纤维面料之一。

1. 纯棉机织面料的种类

（1）按颜色分类：本色白布、漂白布、染色布、印花布、色织布等。

（2）按织物组织分类：纯棉平纹布，包括平布、细平布、中平布、纱府绸、半线府绸、全线府绸；纯棉斜纹布，包括纱斜纹、纱哔叽、半线哔叽、纱华达呢、卡其、半线卡其、全线卡其、拉绒斜纹布等；纯棉缎纹布，包括纱直贡、半线直贡、横直贡等。

2. 纯棉面料的主要特征

纯棉面料具有良好的吸湿性、透气性，穿着柔软舒适；保暖性好，服用性能优良；坚牢耐用；弹性差，起褶皱后不易回复，保型性差；染色性好，色泽鲜艳，色谱齐全；耐碱性强，耐酸性差；耐热和耐光性能均较好；易生霉，但抗虫蛀。因此，棉织物是最为理想的内衣料，也是价廉物美的大众外衣料。

3. 纯棉面料的服装适用性

（1）细平布：细平布轻薄，平滑细洁，光泽柔和无极光；粗平布质地粗糙，厚实耐用。细平布、中平布适合制作内衣和婴幼儿服装；粗平布适宜制作夹克、风衣等服装。

（2）丝光棉平布：经纬纱采用埃及棉纱或精梳棉纱，经过烧毛丝光整理，因此手感挺而滑爽，布面细密。适用于夏季男、女衬衫和T恤；更适用于裙装和绣花衣等女装。

（3）泡泡纱：一种具有特殊凹凸效应外观的平纹布。洗后不需熨烫，穿着舒适。适用于夏季裙装、睡衣裤等。

（4）牛仔面料：有平纹、斜纹、人字纹、交织纹、竹节纹、暗纹以及植绒牛仔等，其成分除纯棉外，还包括棉含莱卡、棉麻混纺及天丝等。牛仔面料从薄到厚依次用来制作夏季服装（如无袖衫、衬衫、短裤或裙装）、春秋夹克、冬季棉衣等，用量最大的是制作牛仔裤。

（5）牛津纺：以纯棉为主，该面料经纬纱色泽不同，经纱染色、纬纱漂白，以重平或方平组织交织而成，布面形成饱满的双色颗粒效应，色泽调和文静，风格独特，穿着舒适。主要用于衬衫、休闲服等。

（二）黏纤面料

黏纤即黏胶纤维，又称为人造丝、人造棉、冰丝等。黏纤是以棉短绒、木材为原料生产的纤维素纤维。黏纤的含湿率最符合人体皮肤的生理要求，标准回潮率为12%~14%。黏纤面料和纯棉面料的种类、性能和用途大同小异，服用性能比纯棉光滑凉爽、透气、抗静电，色泽绚丽，但不如纯棉结实耐用，生产过程有污染。

（三）真丝面料

真丝面料是以蚕丝为原料纺织而成的各种丝织物的统称。与棉布一样，它的品种很多，组织、色泽各异。它可用来制作各种服装，尤其适合用来制作女士服装。它的优点是轻薄、合身、柔软、滑爽、透气，富有光泽，高贵典雅和穿着舒适。它的不足是易褶皱、耐光性差、白色易泛黄、花色易褪色、不耐碱等。

（四）纯麻面料

纯麻面料主要是以亚麻、苎麻为原料制成的各种组织和花色的布料，也有少数是由大麻、黄麻、剑麻、蕉麻等各种麻类植物纤维制成的。它的优点是强度较高，吸湿性能优于棉，仅次于黏纤，标准回潮率可达10%，导热性、透气性甚佳。它的缺点是比纯棉面料外观粗糙，触感不如棉布柔软，有生涩感。一般用来制作休闲装、工作装，目前也多用于普通的夏装及床品。

（五）纯毛面料

纯毛面料俗称毛料，是用羊毛、羊绒为主要原料加工成的织物的统称，其优点是手感柔软，高雅丰满，富有弹性，保暖性强；缺点是不耐碱、易虫蛀。这种面料适用于制作礼服、西装、大衣等正规、高档的服装，不适宜制作夏装。

（六）化纤面料

化纤面料是用化学纤维为原料的纺织品，主要有纯涤纶面料、锦纶面料、腈纶面料和混纺面料。它们共同的优点是色彩鲜艳、质地柔软、悬垂挺括、滑爽耐磨；缺点是光泽不够柔和有极光，吸湿性、透气性较差，涤纶、腈纶和锦纶的标准回潮率分别只有0.4%~0.5%、1.2%~2%、3.5%~5%。化纤面料很容易产生静电、吸尘和沾污，遇热容易变形，特别要注意熨烫温度。

通过对化学纤维原料的制取、纺纱、织造、印染、后整理等高新技术处理，化纤面料可以表现出不同风格、手感和服用性能，达到仿真与仿生的效果。化学纤维仿真是指仿棉、仿毛、仿真丝、仿毛皮等，面料的风格特征基本达到仿真像真，甚至仿真超真的水平，可用于替代天然纤维面料制成各类服装。另外，人们受自然界生物体的结构、形态和功能的启发，研制模拟生物现象的仿生纺织品已取得很大发展，如仿荷叶效应纺织品、单向导湿的速干面料、仿鲨鱼皮织物、人工蜘蛛丝等。

涤纶面料是最常用的一种化纤服装面料，品种有涤纶仿真丝、涤纶仿毛、涤纶仿麻和涤纶仿麂皮面料，其最大的优点是抗皱性和保形性很好，因此，适合制作外套服装。涤纶面料主要有以下特点：

（1）具有较高的强度和弹性恢复能力，坚牢耐用、抗皱免烫。

（2）涤纶面料吸湿性较差，穿着有闷热感，同时易带静电、沾污灰尘，影响美观和舒适性，但有良好的洗可穿性能。

（3）涤纶是合成纤维织物中耐热性最好的面料，具有热塑性，可制作百褶裙，褶裥持久。但是，涤纶的抗熔性较差，遇着烟灰、火星等易形成孔洞。因此，加工和穿着时应尽量避免烟头、火花等的接触。

（4）涤纶面料的耐磨性好，仅次于锦纶面料。

（5）涤纶服装不怕霉菌，不怕虫蛀。

（6）涤纶染色困难，但色牢度好，不易褪色。

（七）混纺面料

混纺面料是将天然纤维与化学纤维按照一定的比例，混合纺织而成的织物，可用来制作各种服装。它的长处是优势互补，既吸收了棉、麻、丝、毛和化纤各自的优点，又尽可能地避免了它们各自的缺点，而且在价格上相对较为低廉，适合于制作春、夏、秋、冬的各类服装。

（八）色织针织面料

色织针织面料色泽鲜艳、美观，配色调和，织纹清晰，轻薄凉爽。主要用于制作男女上装、T恤、背心、裙子、童装等。

（九）涤盖棉针织面料

涤盖棉针织面料适合作为夹克、运动服的面料。面料挺括抗皱，坚牢耐磨，贴身的一面吸湿透气，柔软舒适。

（十）天然毛皮和人造毛皮面料

天然毛皮常用于制作高档裘皮大衣和皮夹克。人造毛皮常用于制作儿童大衣和仿生拟态服装；人造皮革用于制作皮夹克等仿真皮服。

三、新型服装面料

随着科学技术的不断进步，人们对于服装的要求不仅仅是遮体、保暖，而是提出了服装面料延伸的穿着功能——易保养功能，如抗皱、防缩、防水、防油、防污、阻燃，甚至具有医疗、保健和防护等功能，如抗菌防臭、防霉、防蛀、防静电、防紫外线等。因此，新型服装面料层出不穷。

（一）新型纤维面料

1. 天然彩棉面料

天然彩棉是种植收获的棉纤维本身是有颜色的，主要种植地在新疆。到目前为止，实验室已经培育出浅蓝色、粉红色、浅黄色与浅褐色等品种，但在大田里可种植的只有浅棕色和浅绿色。

天然彩色棉面料色泽柔和古朴、穿着舒适卫生，符合人们返璞归真、回归自然的心态，适合制作衬衫、贴身内衣裤、睡衣裤、婴幼儿服装。

2. 天然彩色毛面料

天然彩色毛主要有牦牛绒和羊驼绒，还有山东等地培养出的蓝色、棕色等彩色兔毛。通常牦牛绒呈深褐色，手感蓬松，保暖性强，多用于针织面料。羊驼绒色彩比较丰富，有黄、棕、褐、咖啡、砖红等颜色。

3. 天然彩色真丝面料

将自然条件下利用转基因方法培养出的蚕可直接吐出黄色、粉色等彩色蚕丝。天然彩棉、彩毛和彩丝服装面料不经印染加工工序，环保健康。

4. 竹纤维面料

竹纤维面料是以竹子为原料制成，有竹原纤维面料、竹浆纤维面料两种，前者更具纯天然特性。竹纤维面料具有优良的着色性、弹性、悬垂性、耐磨性、抗菌性，尤其是吸湿性、放湿性、透气性是所有面料中最好的，被称为"会呼吸的面料"。

5. 天丝纤维面料

天丝被称为绿色纤维或环保纤维，其面料的服用性能集合成纤维、天然纤维的优点于一身，既有棉的舒适感，又有黏胶的悬垂感，同时还有涤纶的强度，真丝的手感。其干强度接近于涤纶，湿强仍有干强的85%。天丝具有良好的尺寸稳定性、洗涤稳定性、吸湿透湿性以及良好的悬垂性，使其具有特殊的流动感特征。

6. 莫代尔面料

莫代尔面料属于高湿模量的改性黏胶纤维面料，其干湿强力、缩水率均比普通黏胶纤维好。面料色泽鲜艳，手感柔软、顺滑，并有丝质感，吸湿性优良。莫代尔纤维可比蚕丝更细，是超薄服装的上选面料。

7. 大豆纤维面料

大豆纤维面料是以榨过油的大豆粕为原料制成的。大豆纤维面料既具有天然真丝面料的优良性能，又具有合成纤维的机械性能，其面料外观华贵、舒适性好，染色性能优良。

8. 玉米纤维面料

玉米纤维面料又称为聚乳酸或 PLA 纤维面料，由玉米淀粉为原料制成，是可完全生物降解的环保面料。它具有良好的形态保持性、较好的光泽、丝绸般的手感和良好的芯吸性能，皮肤接触不发黏，使人感觉凉爽。

9. 牛奶纤维面料

牛奶纤维面料又称为牛奶丝或牛奶绒面料，是将牛奶蛋白融入特殊液体喷丝而成。面料悬垂性、通透性好，吸水率高，具有润肌养肤、抗菌消炎的功能。

(二) 功能面料

功能面料是指除一般纤维及纺织品所具有的力学性能以外，还具有某种特殊功能的面料。如卫生保健纺织品（抗菌、杀螨、理疗、除异味等）、防护功能纺织品（防辐射、抗静电、抗紫外线等）、舒适功能纺织品（吸热、放热、吸湿、放湿等）、医疗和环保功能纺织品（生物相容性、生物降解性）等。这些具有特殊性能的功能面料，通常用于制作某些行业的防护服装或者用于体育、医疗以及卫生、保健行业。

四、面料的选择

(一) 选择面料的原则

服装面料精良、色泽调和、款式新颖，三者珠联璧合，才称得上完美的服装。服装面料的品种和花色繁多，新品种又层出不穷。但无论怎么变化，从面料的质地来看，不外乎三大类：天然纤维纺织品（棉、麻、丝、毛织物等），化纤纺织品（涤纶、锦纶、腈纶、丙纶、维尼纶、黏胶纤维等），非织造纺织品（人造革、合成革、皮革、裘皮等）。面料的选择应注意以下几个原则：

（1）功能原则：考虑面料的特点必须符合服装功能的要求，如儿童和老年人的睡衣要求阻燃功能。

（2）色泽原则：考虑面料的色泽和图案必须与设计要求相符或相近。

（3）质感原则：若服装款式是两种或以上面料的组合，则要考虑几种面料的厚薄、密度、缩率等质感是否协调，寿命和牢度是否一致。

（4）工艺原则：考虑所选面料必须符合该款式服装的缝纫、熨烫等加工要求。

（5）价格原则：考虑服装的档次，以免成本过高影响销量。

（6）卫生原则：对内衣、婴幼儿服装要考虑卫生保健，对皮肤无刺激作用。

（7）综合原则：综合考虑，尽力兼顾。一旦不能顾及时可以有所侧重。

（二）服装面料选用实例

根据面料的选择原则，参考国产和进口的服装面料。面料的选用举例见表2-1。

表2-1 服装面料选用实例

服装名称	适用面料名称
男西服套装	全毛牙签条花呢、涤黏混纺花呢等
男西裤	纯涤纶仿毛织物、涤黏混纺板司呢、涤棉混纺卡其等
男、女衬衫	涤棉府绸、纯棉细布、丝光棉布、人造丝交织缎、真丝面料、全棉条格色织布、玉米纤维面料、牛奶纤维面料等
风衣、夹克	涤棉卡其、全棉粗平布、仿麂皮等
女便服	全棉灯芯绒、全棉条格色织布、全棉牛仔布、针织面料等
睡衣	全棉毛巾布、全棉针织布、莫代尔针织布、真丝缎面料等
童装	全棉或涤棉印花布、条格布、棉绒布、泡泡纱、人造毛皮等
羽绒服	涤棉高密全线府绸、锦纶涂层塔夫绸等
女礼服	紫红、粉、蓝等色的丝绒、软缎、锦缎、金银丝闪光面料等
男礼服	以黑白两色为格调的礼服呢、华达呢、涤棉高支府绸等
旗袍	夏季：真丝双绉、绢纺等；春秋：织锦缎、古香缎、金丝绒等

第二节 里料与絮填料

里料是服装的内层布料，覆盖在面料的反面，全部覆盖的称"全挂里"，部分覆盖的称"半挂里"，春秋装和冬装一般都需要里料。填充在面料与里料之间的材料称为填充料或絮填料。

一、里料

（一）里料的作用

里料可覆盖服装面料反面的接缝和衬料等，使服装内部整洁。里料通常表面光滑，使服装便于穿脱。里料也可给服装附加支持力，减少服装的打褶和起皱，提高服装的保型性。里料还可以起到保暖作用。

（二）里料选配原则

（1）里料与面料性能匹配：即缩水率、耐热性、洗涤用洗涤剂的酸碱性尤其要一致。其次强力、弹性、厚薄也要相随，如纯棉或人造棉里料适用于纯棉服装、羊绒大衣，裘皮大衣则宜用较厚的里料。另外，易产生静电的面料要选配易吸湿和抗静电的里料。

（2）里料与面料颜色和谐：里料颜色要与面料颜色相同或比面料略浅。

（3）里料与面料柔软随和：一般里料比面料要柔软和轻薄，里料和面料要自然随和；否则，"两张皮"现象会大大降低服装档次。

（4）里料与面料成本相符：一般成本高的高档面料配较贵的里料，低价、低档面料配价廉的里料。总之，里料不仅要符合美观实用原则，更要符合经济原则，以降低服装成本，提高服装生产利润。

（三）常用的里料

常用的里料有多种材质，性能各异。

1. 纯棉布

纯棉布保暖舒适，方便洗涤，适用于婴幼儿服装和夹克便服等。缺点是不够光滑，易缩水，较厚重。

2. 尼龙绸

由锦纶6或锦纶66长丝织成的平纹或斜纹素色布俗称尼龙绸。它轻薄耐磨，光滑有弹性，回潮率为4%，不缩水，是当前国内外普遍采用的里料之一，特别是风雨衣、羽绒服等选用的里料。

3. 涤纶绸

由涤纶长丝织成的平纹和斜纹素色布称为涤纶绸。它的性能与尼龙绸相似，比尼龙绸价格低廉，但回潮率只有0.4%，易起静电。

4. 铜氨丝绸

铜氨丝是以木浆、棉短绒浆粕为原料制成的一种人造丝，铜氨丝绸吸湿快干，柔软顺滑，不易产生静电，适用于各类秋冬季服装里料。铜氨丝面料的缺点是不耐碱，避免使用碱性洗涤剂。

5. 醋酯纤维绸

醋酯纤维绸光滑、柔软、质轻、光泽如丝绸，易洗易干，但裁口边缘易脱散，适用于各种服装。较厚重的斜纹、缎纹布常用于休闲外套、夹克、呢子大衣和毛皮大衣等里料。

6. 涤棉混纺绸

涤棉混纺绸结合了天然纤维和化学纤维的优点，吸湿、坚牢而挺括、光滑，适用于各种洗涤方法，常用作羽绒服、夹克和风衣的里料。

7. 羽纱

羽纱是以黏胶有光长丝为经纱、以棉纱为纬纱，交织成的斜纹织物。其正面光滑如绸，反面如布。羽纱具有天然纤维的优点，缝制加工方便，适用于各类秋冬季服装里料。

二、絮填料

（一）絮填料的作用

在服装面料与里料之间填充的纤维状、絮片状或毛皮状填充物统称为絮填料。其作用主要是保暖，也有的具有防辐射（宇航服）、放热（消防服）等功能，总之不同材料具有不同作用。

（二）常用絮填料

1. 棉花

棉纤维是空心的，膨松的棉花纤维内和纤维间充满了静止空气，使棉花具有良好的保暖性，但棉花弹性差，受压后保暖性降低，经常暴晒和拍打有利于保持保暖性和膨松性。棉花适合制作儿童和老人的棉服，也常用于军大衣。

2. 羽绒

羽绒主要有鸭绒与鹅绒。羽绒轻柔、蓬松，保暖性极佳，吸湿性好，是理想的保暖絮填料。羽绒按颜色分为灰绒与白绒，白绒品相更佳。羽绒和棉花都属于纤维状填料，需要绗缝，以免松散"乱套"、厚薄不匀。

棉花或羽绒等絮填料也可以先用布包住，并绗缝，以保护和固定这些填充物。这种包布称为托布。托布应选质地柔软、不影响服装外观造型的材料。

3. 腈纶棉

腈纶是保暖性优良的化学纤维之一，且比重轻，所以把腈纶短纤与低熔点的少量丙纶混匀铺平，加热丙纶熔化流动，冷却后把腈纶纤维固结成厚薄均匀、不会松散且有足够膨松性的絮片。腈纶棉优于棉花和羽绒的特点是可根据服装尺寸任意裁剪，可省去托布和绗缝的工艺过程；易水洗，洗后不乱、不毡结，仍能保持原有的膨松性和保暖性。与羽绒和棉花比较，腈纶棉的保暖性相对较差。

4. 中空棉

中空棉是由中空涤纶短纤中加少量丙纶经热熔制成的絮片，性能与腈纶棉类似。涤纶纤维为中空结构，截面可见孔洞。常见的有一孔、四孔、七孔，其中七孔棉的保暖性最好，多用于被子的絮填料。

5. 热熔棉

热熔棉一般由丙纶短纤为主体纤维，经加少量低熔点热熔纤维或喷洒"聚酰胺"胶水制成丙纶絮片，也称为"喷胶棉"，是价廉物美的冬装絮填料。

6. 动物绒毛

羊毛和骆驼绒是高档的保暖絮填料，其保暖性好，但易毡结，不宜水洗，如果混以部分化学纤维则会有所改善。

7. 混合填料

驼绒和腈纶或中空涤纶混合做絮填料可减少毡结性和降低成本。

8. 天然毛皮、人造毛皮

天然毛皮的皮板密实挡风，绒毛中因贮有大量的空气而起到保暖作用。天然毛皮因毛被的长短、皮板的厚薄及外观质量等而存在的品质差异，其中普通低档毛皮可作为高档防寒服装的絮填材料。由毛或化纤混纺制成的人造毛皮以及长毛绒也是较好的保暖絮填材料，有时也可以直接用作具备保暖功能的里料或服装开口部位的装饰沿边设计。

9. 特殊功能絮填料

为了使服装达到某种特殊功能而采用特殊功能絮填料。例如：潜水员服装的夹层植入电热丝，以使人体保温；宇航服中使用防辐射材料作为絮填料，可以起到防辐射作用；某些服装中将冷却剂作为絮填料，通过冷却剂的循环利用使人体降温；此外还有各种保健絮填料等。

第三节　衬料

衬料是黏附或紧贴在服装面料反面的材料，是服装的骨架。黏附衬料可以使服装造型丰满、挺括、稳定，线条优美，并有保暖的作用。

一、衬料的分类

衬料的种类很多，常用以下方法进行分类：

（一）按厚薄与重量分类

1. 轻薄型衬<80g/m^2。
2. 中型衬 80~160g/m^2。
3. 重型衬>160g/m^2。

（二）按基布的原料分类

以基布原料分可分为棉布衬、麻衬、毛衬、树脂衬等。

（三）按使用部位分类

按使用部位可分为腰衬、胸衬和领衬等。

二、常用衬料及其用途

（一）棉衬与麻衬

棉衬、麻衬是以未经整理加工或仅上浆硬挺整理的棉布或麻布直接作为衬料。在传统工艺中，棉布衬可作为一般面料服装的衬布。而麻布衬则由于其使用原料为麻纤维而具有一定的硬挺度和韧性，多用于各类毛料服装中。现代工艺中很少用这两种衬了。

（二）毛衬

毛衬包括黑炭衬布和马尾衬布。黑炭衬布是指用动物性纤维（山羊毛、牦牛毛、人发等）或毛混纺纱为纬纱、棉或棉混纺纱为经纱加工成的基布，再经特殊整理加工而成；马尾衬布则是用马尾为纬纱、棉或涤棉混纺纱为经纱加工成的基布，再经定型和树脂加工而成，如图 2-7 所示。由于黑炭衬布和马尾衬布的基布均以动物纤维为主体，故它们具有优良的弹性、较好的尺寸稳定性。黑炭衬布主要用于西服、大衣、制服、上衣等服装的前身、肩、袖等部位，马尾衬布则主要用于肩、胸等部位。

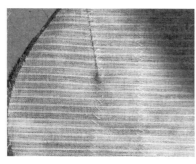
黑炭衬布

马尾衬布

图 2-7　毛衬

（三）树脂衬

树脂衬是以棉、化纤及混纺的机织物、针织物或非织造布为底布，并经过树脂整理加工制成的衬布。树脂衬布主要包括纯棉树脂衬布、涤棉混纺树脂衬布、纯涤纶树脂衬布等，其中纯棉树脂衬布因其缩水率小、尺寸稳定、舒适等特性而应用于服装中的衣领、前身等部位，此外还用于生产腰带、裤腰等；涤棉混纺树脂衬布因其弹性较好等特性而广泛应用于各类服装中的衣领、前身、驳头、口袋、袖口等部位，此外还大量用于腰衬、牵条衬等；纯涤纶树脂衬布因其弹性极好和手感滑爽而广泛应用于各类服装中，它是一种品质较高的树脂衬布。

（四）黏合衬

黏合衬即热熔黏合衬，它是将热熔胶涂于底布上制成的衬。在使用时需在一定的温度、压力和时间条件下，使黏合衬与面料（或里料）黏合，达到服装挺括美观并富有弹性的效果。因为黏合衬在使用过程中不需繁复的缝制加工，适用于工业化生产，又符合当今服装薄、挺、爽的需求，所以被广泛采用，成为现代服装生产中的主要衬料。

1. 黏合衬按底布分类

（1）机织黏合衬：通常为纯棉或与其他化纤混纺的平纹织物，如图 2-8 所示。它的尺寸稳定性和抗皱性较好，多用于中高档服装。

（2）针织黏合衬：包括经编衬和纬编衬，它的弹性较好，尺寸稳定，多用于针织物和弹性服装。

（3）非织造黏合衬（也称无纺衬）：常以化学纤维为原料制成，分为薄型（15～30g/m²）、中型（30～50g/m²）和厚型（50～80g/m²）三种。因其价格低廉而广泛应用于各类服装，如图 2-9 所示。

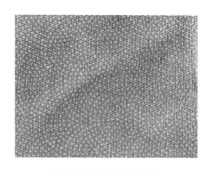
图 2-8　机织黏合衬

图 2-9 非织造黏合衬

2. 黏合衬按热熔胶分类

（1）聚酰胺（PA）黏合衬布：它具有较好的黏合强力和耐干洗性能，多用于衬衫、外衣等。

（2）聚乙烯（PE）黏合衬布：高密度聚乙烯（HDPE）具有较好的水洗性能，但对温度及压力要求较高，多用于男式衬衫；低密度聚乙烯（LDPE）具有较好的黏合性能，但耐洗性能较差，多用于暂时性黏合衬布。

（3）聚酯（PET）黏合衬布：具有较好的耐洗性能，尤其对涤纶纤维面料黏合力强，多用于涤纶仿真面料。

（4）聚乙烯醋酸乙烯（EVA）黏合衬布：具有较强的黏合性，但耐洗性能差，多用于暂时性黏合。

（五）专用腰衬

近年来开发的新型衬料，多采用锦纶、涤纶、棉为原料按不同的腰高织成带状衬布，对裤腰和裙腰部位起到硬挺、防滑、保型和装饰作用，故其在现代服装生产中的应用愈加普遍。

（六）牵条衬

牵条衬又称为嵌条衬，广泛用于中高档毛料服装、丝绸服装和裘皮服装的止口、底边、门襟、袖窿、驳头和接缝等部位，其作用为防止变形、防止脱散、补强造型、折边定位等。

（七）领底呢

领底呢又称为底领呢，是高档西服的领底材料，领底呢的刚度与弹性极佳，可使西服领平挺、富有弹性而不变形。领底呢有各种厚度与颜色，使用时应与面料相匹配。

（八）纸衬

在轻薄柔软、尺寸不稳定的材料上绣花时，可以用纸衬来保证花型的准确和美观。现在大部分纸衬已被由水溶性纤维和黏合剂制成的特种非织造衬布所代替，主要用于绣花服装和水溶花边，故又称为绣花衬。

三、衬料的选配

（一）衬料选配原则

1. 根据面料的材料性能选配，衬料和面料的缩水率要一致。

2. 根据面料的组织结构选配，弹性大的面料选弹性衬料。

3. 根据服装款式的要求选配，需要笔挺时选用身骨较硬的衬料。

4. 根据制作工艺条件选配，需要高温定型、熨烫的服装配以耐高温的衬料。

（二）衬料选配实例

常见的服装各部位衬料选配实例见表 2-2。

表 2-2　常见的服装各部位衬料选配实例

	底衬	黏合衬
	挺胸衬	黑炭衬、马尾衬
	保暖衬	薄型毛毡、腈纶棉
胸衬	下节衬（前身腰节线以下加放的衬）	棉布衬、黏合衬
	肩部补强衬	麻布衬
	胸部固定衬	棉布衬
领衬	衬衣领	机织黏合衬、非织造黏合衬
	西服领	领底呢、机织黏合衬、非织造黏合衬
挂面衬	门襟部位	机织黏合衬、非织造黏合衬

第四节　其他辅料

　　制作服装不仅需要面料、里料、衬料、絮填料等，还需要缝纫线、纽扣、拉链、钩环、绳带、商标、花边、搭扣等辅料。它们虽小，但可以使服装穿脱方便，对服装的外观也具有一定的装饰作用。

一、线带类辅料

（一）缝纫线
　　服装成型、定型都主要依靠缝纫线的连接与固定，露在服装表面的缝线（明线）也具有一定的装饰作用，体现服装的整体风格。常用的缝纫线有多种，根据制作服装的需要合理选用。

1. 常用缝纫线的规格
　　常用缝纫线的型号有 202、203、402、403、602、603 等。缝纫线是由几股纱并捻而成的。型号前两位代表单股纱的细度，用英制支数表示，支数越大纱线越细；型号最后一位的 2 或 3 分别指该缝纫线是由两股或三股纱并捻而成。例如，603 就是由细度为 60 支的 3 股纱并捻而成。股数相同的缝纫线，单纱支数越高，线就越细，强度也越小；单纱支数相同时，股数多的缝纫线较粗，强度也较大。线粗细的比较：203 > 202 > 403 > 402 ＝ 603 > 602；线强度的比较与线的粗细顺序一致。

　　602 号线最细，多用于薄型面料，如夏季穿用的真丝、乔其纱等；603 和 402 线是最普通的缝纫线，一般面料都可以使用，如棉、麻、涤纶、黏胶等各种常用面料；403 线用于较厚面料，如呢制面料等；202 和 203 线也可称为牛仔用线，线较粗，强度大，专用于牛仔布，如图 2-10 所示。

图 2-10 牛仔布缝纫线

2. 常用缝纫线的材质

（1）纯棉缝纫线：普通棉线适用于棉织物等素色织物，可用于手缝、机器包缝、假缝样衣等；丝光棉线用于棉织物缝纫；蜡光线用于皮革等硬面料或需高温熨烫面料的缝纫。

（2）涤纶线：涤纶长丝线用于缝制军服等结实耐用的服装，涤纶弹力丝缝纫线用于缝制健美服装、运动服等弹力服装，涤纶短纤缝纫线用于混纺织物服装。

（3）锦纶线：主要品种是锦纶长丝缝纫线，用于缝制化纤、呢绒、针织物等有弹性且耐磨面料的服装。

3. 常用缝纫线的分类

（1）直管线：通常为 500~1000m 卷装，主要用于家用缝纫。

（2）宝塔线：通常是大卷装，长度 3000~20000m，适合于高速缝纫机使用。

（3）锁眼线：丝光三股线，光泽度好，结实耐用，专用于锁眼。

（4）绣花线：采用优质天然纤维或化学纤维经纺纱加工而成的刺绣用线，色彩丰富，光泽度好，用于完成装饰性线迹。

（5）透明线：也称为鱼线，对任何颜色的材料都具有很好的隐藏性，用于手工或机缝比较厚实的材料，尤其适用于制作箱包等。

4. 缝纫线的选用原则

（1）色泽与面料要一致，除装饰线外，应尽量选用相近色，且宜深不宜浅。

（2）缝线缩率应与面料一致，以免缝纫物经过洗涤后缝迹会因缩水过大而使织物起皱；高弹性及针织类面料，应使用弹力线。

（3）缝纫线粗细应与面料厚薄、风格相适宜。

（4）缝线材料应与面料材料特性接近，线的色牢度、弹性、耐热性要与面料相适宜，尤其是成衣染色产品，缝纫线必须与面料纤维成分相同（特殊要求例外）。

(二) 带类辅料

服装中所用的带类有实用性和装饰性两种，常见的实用性带类有松紧带、罗纹带、搭扣带、滚边带和门襟带等；常见的装饰性带类有人造丝饰带、编结绳等。

二、紧扣辅料

（一）紧扣辅料的作用和种类

在服装中主要起连接、组合和装饰作用的材料统称为紧扣辅料，它包括纽扣、拉链、钩、环与尼龙子母搭扣等种类。

（二）选择紧扣辅料的原则

1. 根据服装种类选择。如婴幼儿及童装的紧扣辅料宜简单、安全，男装注重厚重和宽大，女装注重装饰性。

2. 根据服装用途选泽。如风雨衣、泳装的紧扣材料要能防水，并且耐用，宜选用塑胶制品。女内衣的紧扣件要小而薄，重量轻而牢固。裤子门襟和裙装后背的拉链必须具备自锁功能。

3. 根据服装保养选择。如常洗服装应少用或不用金属材料的紧扣件，而是选用塑胶、尼龙等耐洗耐磨的紧扣辅料。

4. 根据服装面料选择。如粗重、起毛的面料应用大号的紧扣材料，松结构的面料不宜用钩、襻和环。

三、花边辅料

（一）花边的作用和种类

花边种类繁多，是女装与童装重要的装饰材料，包括机织花边和手工花边。

机织花边又分为梭织花边、针织花边、编织花边、刺绣花边等；手工花边包括纱线花边、勾编花边等。

（二）选择花边的原则

选择和应用花边时，需要权衡花边的装饰性、穿着性、耐久性三个特性，根据不同的需求加以选择。

现代的生活日新月异，随着个性时代的到来，许许多多的装饰材料都成为现代服装的流行元素，服装材料的内涵和外延将继续不断发展变化。

四、思考与实训

1. 平纹、斜纹、缎纹面料的手感和光泽有何不同？为什么？
2. 简述机织物与针织物有何区别。
3. 纯棉面料有哪些服用特点？
4. 常用的纯棉面料有哪些主要品种？
5. 真丝织物、麻织物和毛织物面料各有什么特点？
6. 简述化纤织物的服用性能。
7. 如何选择面料？
8. 里料和衬料的选配原则各是什么？
9. 如何选配缝纫线？

10. 通过市场调查，了解三种新型服装材料，指出它们与传统的服装材料有何不同？它们的外观、手感、风格和价格如何？

11. 调查三个行业对劳保服装的要求，哪些服装材料可以满足这些要求？

技术理论与专业技能——

课题名称： 制作工艺基础

课题内容： 手缝工艺基础

机缝工艺基础

熨烫工艺基础

课题时间： 12 课时

教学目的： 通过制作工艺基础的学习，使学生掌握服装缝制的基本技术。理论联系实际，提高动手能力；掌握服装缝制的基本手缝针法、熨烫技法、机缝针法等，进而具备设计简单布艺用品的能力，为服装成衣缝制奠定扎实的基础。

教学方式： 理论讲解、实物分析和操作示范相结合，根据教材内容及学生具体情况灵活制订训练内容，加强基本理论和基本技能的教学，重视课后训练并安排必要的练习作业。

教学要求： 1. 掌握重要手缝工艺针法。

2. 了解基本的缝纫设备和机缝线迹的种类、特点和用途。

3. 熟练操作平缝机与三线包缝机。

4. 掌握缝型的分类以及基本的机缝针法。

5. 掌握熨烫工艺基本技法。

6. 掌握简单布艺用品的设计方法。

7. 具备独立编写设计说明的能力。

第三章　制作工艺基础

制作工艺基础是服装由布料到成衣过程中的一些基本手段和方法，主要包括手缝工艺、机缝工艺、熨烫工艺。

第一节　手缝工艺基础

课前准备

1. 材料准备

（1）白坯布：练习用布，幅宽160cm，长度40cm。

（2）缝线：白棉线少量，大卷缝纫线一个（颜色自选）。

（3）纽扣：直径2cm的四眼扣两粒（颜色自选）。

2. 工具准备

备齐手缝常用工具，如图3-1所示。

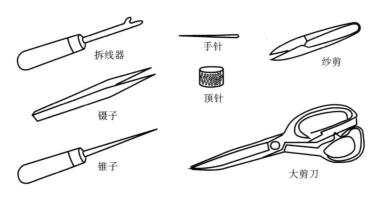

图3-1　手缝工具

手缝工艺在我国有着悠久的历史，因其很强的实用性而流传、发展至今。手缝工艺是服装工艺中不可或缺的一部分。

一、基本工具与材料的选用

（一）工具与材料（图3-1）

1. 手针

手针又称缝针，是最简单的缝纫工具之一。针号表明针的粗细、长短。号小的针粗而长，号大的针细而短。常用的手针为6号、7号，使用手针时，要根据不同布料、不同技法及技术要求进行选择。各号手针的用途见表 3-1。

表 3-1 各号手针的用途

针号	用途	针号	用途
1	帆布制品	7	一般薄料
2		8	
3	锁眼钉扣	9	丝绸制品
4		10	
5	一般毛料	11	软薄料刺绣
6		12	

2. 线

常见的缝线品种有棉、丝、毛、混纺及各种化纤线。各种线因质地、粗细不一而用途不同，选用时不仅要根据不同布料、针法及技术要求，还要根据手针的号数加以调整。普通棉坯布应选用棉线，采用 6 (7) 号针、普通粗棉线即可。

3. 剪刀

剪刀属必备工具。剪线头用纱剪，裁布料需用专用大剪刀。剪扣眼时要求剪刀要特别锋利、有尖。

4. 其他工具

锥子、镊子、拆线器、顶针均为手缝工艺的辅助性工具。

(二) 针线的使用

掌握手缝工艺首先要学会穿线、打结、捏针等正确的方法，如图 3-2 所示。

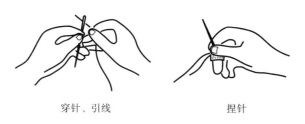

穿针、引线   捏针

图 3-2 针线的使用

1. 穿针、引线

左手拇指、食指捏针，中指将针抵住，针头露出约 1cm；右手拇指、食指捏线，线头露出约 1.5cm；两手相抵，把线穿入针孔后，右手顺势拉出。

2. 打线结

线结分为起针结和止针结，分别在开始缝纫和完成缝纫或线用完时打结，目的均为防止线头脱出。

(1) 起针结：左 (右) 手捏针，右 (左) 手拇、食指捏住线头拉直线，右 (左) 手先把线头在食指上绕一圈，然后拇指向前、食指向后搓，使线头卷入圈内，捋平，收紧线圈。要求线结光洁，大小适中，尽量少露线头。

（2）止针结：在止针点处将线甩成小圈（周长约 3cm），左手拇指、食指捏住线圈，右手持针，从线圈中往复穿 2~3 次，左手拇指在止针处捏住线圈，右手将线拉紧即成。要求线结紧扣布面，并在原地回一针，将线结拉入布层。

3. 捏针

右手拇、食指捏住针杆中段，中指戴顶针抵住针尾。

二、手缝针法

1. 拱针

拱针俗称纳针，是练习手针的基本功。操作时，一上一下、自右向左顺向等间距运针，形成的线迹正反面相同，如图 3-3 所示。缝线能在布料间自由拉动，使布料收缩，所以该针法主要用于收细褶、预缝袖山头吃势等。该针法缝合关系不稳定，不适用于两层衣片的缝合。运针时要求间距均匀，线迹大小根据工艺要求而定。

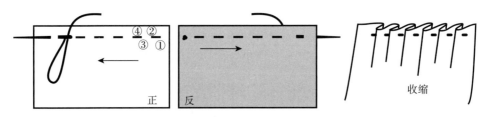

图 3-3　拱针
奇数序号位置出针，偶数序号位置入针。

2. 打线丁

打线丁是用缝线在两层相同的衣片上做对应的缝制标记，多用于毛料服装。

如图 3-4 所示，打线丁时用双股白色粗棉线，沿画线拱针缝合，直线区域针距大，曲线部位针距小。一般位置打"一"字丁，转折或交点部位打"十"字丁。缝完后将浮线剪断，需要边抽线边剪，每端留出约 1.5cm 余线；然后上下分层，将上层衣片与线迹方向平行掀开，当两层衣片间露出的线约 1cm 长时从中间剪断，使两层分离；修剪线头，留下 0.2cm 左右，拍毛，避免滑脱。

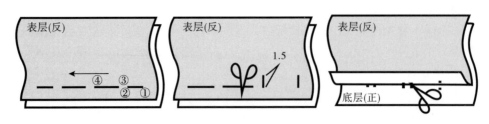

图 3-4　打线丁

3. 回针

回针也称钩针或倒钩针，向前缝一针再向后缝一针的循环针法。操作时进退结合，自左向右运针，正面线迹成斜线，反面线迹成细小点状，如图3-5所示。该针法一般用于毛料服装的领口、袖窿等受力部位，可以防止拉伸变形，同时具有加固作用。注意缝线不宜拉紧，要使线迹有一定的伸缩性。

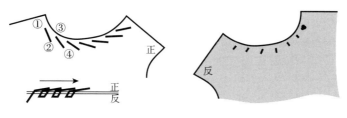

图3-5 回针

4. 顺钩针

如图3-6所示，顺钩针是仿机器线迹的针法。操作时自右向左运针，进一针退半针，后一次入针（图中④）与前一次出针（图中①）在同一位置，表面线迹前后相接成直线状，底面线迹成交互重叠状。该针法缝合牢固，稳定性好，适用于两片间的连接。缝合时要求针距相等，紧密相连，线迹顺直。

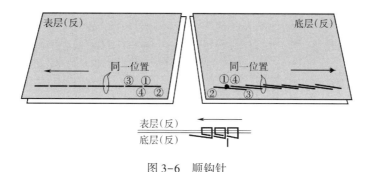

图3-6 顺钩针

5. 缭针

缭针又称缭贴边，适用于真丝、呢类服装贴边的固定。操作时，针尖挑起衣身的两三根纱线后，斜向前由贴边下穿出，衣身正面会有横向点状线迹，如图3-7所示。注意抽拉缝线时不宜过紧，线迹要求整齐，细密均匀，正面尽量少露。

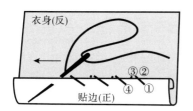

图3-7 缭针

6. 缲针

（1）明缲针：操作时，将衣片大身沿贴边上口折转，使贴边止口露出少许；针尖在衣片上挑起几根纱线后，由贴边对应位置垂直穿出，衣身正面会有纵向点状线迹，如图3-8所示。该针法的线迹会有一定的横向伸缩性，可以用于弹性布料服装的贴边固定。线迹要求整齐，松紧适当，正面尽量少露。

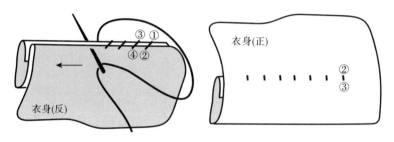

图3-8 明缲针

（2）暗缲针：通常用于女式夹服、女呢大衣、两用衫的贴边固定。操作时，先用里布做滚条处理贴边的毛边，然后翻开滚条，自右向左，针尖挑起衣身面料几根纱线，再向前约0.5cm挑住贴边（不能扎穿贴边），衣身正面会有横向点状线迹，如图3-9所示。线迹要求整齐，松紧适当，正面尽量少露。

图3-9 暗缲针

7. 三角针

三角针也称黄瓜架、十字针，主要用于经过锁边处理的贴边的固定。操作时，从左端贴边内起针，斜向后退针，挑起衣片几根纱线；再斜向后退针，挑起少许贴边，完成一组线的"V"形线迹，如图3-10所示。线迹要求整齐、均匀，密度适中，正面少露。

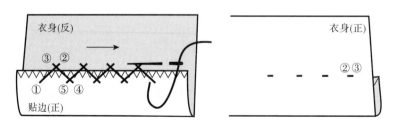

图3-10 三角针

8. 花绷

花绷是一种具有装饰性的针法，通常用于装饰部分在衣身表面的固定。其操作方法与三角针相同，表面线迹呈"X"形，衣身反面会有一行横向线迹，如图3-11所示。

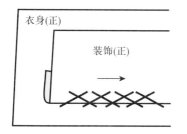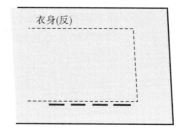

图 3-11　花绷

9. 杨树花针

杨树花针是一种具有装饰性的花型针法，用于女装里子底边贴边的固定。操作时，从右端起针，针针相套延续，每个方向的针数可以有一针、两针或三针。缝好的杨树花呈"人"字形，衣里反面会有两行（多行）横向线迹，如图3-12所示。要求每个"人"字大小相等，松紧适宜，布面平服。

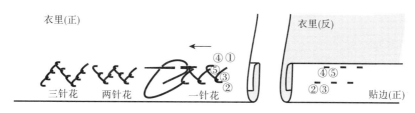

图 3-12　杨树花针

10. 锁针

锁针即锁扣眼针法。扣眼形状分为长方形（平头眼）、火柴形（圆头眼）两种。平头眼一般用在衬衫、内衣、童装上；圆头眼用在外套、横向开眼的夹、呢、棉的服装上。扣眼开在门襟上，习惯有"男左女右"的说法，现在有些女装也采用左门襟。扣眼大小根据扣子的大小而定，一般大于扣直径2~3mm。锁扣眼要求大小一致，整齐光洁，坚牢美观。

锁圆头眼步骤：

（1）定位：确定位置时，应超出前中心线3mm，按设计要求等距离做标记，扣眼大小必须一致。

（2）剪扣眼：先沿标记对折，剪开小口，然后打开向两端剪，超出中线位置剪出圆头，如图3-13（a）所示。

（3）打衬线：衬线与扣眼平行，间距3mm，由夹层中间起针，线不宜抽得太紧，但要平直，如图3-13（b）所示。打衬线一是为了加固扣眼边缘，二是为了上下层布料的平服。较薄的门襟手工锁眼或机锁眼常省略此步。

（4）锁眼：左手的食指和拇指捏牢扣眼尾端，食指在扣眼中间处撑开，然后针从衬线外侧入针、扣眼中间出针，随手将针尾引线套住针尖，出针后向右上方 45° 方向拉线，形成第一个锁眼线迹。同样方法，针针密锁至圆头处，如图 3-13（c）所示。锁圆头时针法相同，只是每针拉线方向都要经过圆心。

（5）尾端封口：在尾端缝两条平行封线，并在封线上锁两针，将尾端封牢；针向反面穿出，打止针结，线结抽入夹层中隐藏，如图 3-13（d）所示。

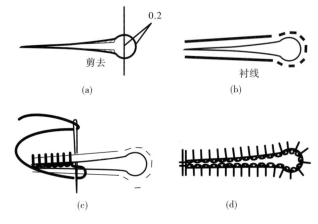

图 3-13　锁圆头眼

11. 钉针

钉针即钉扣针法。纽扣分为实用扣、装饰扣两种。装饰扣只需平服地钉在衣服上，而实用扣要求绕有线柱。

实用扣缝钉步骤，如图 3-14 所示。

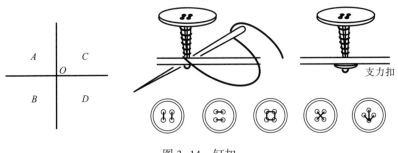

图 3-14　钉扣

（1）定位：在扣位画出"十"字标记，穿好双股线，从正面 O 处入针，线结留在正面，钉扣后必须被全部遮盖，正反面都要整洁。A、B、C、D 距离 O 点均为 2~3mm。

（2）缝扣：针从 A 处穿出，上下穿过两个纽扣孔后从 B 处入针，再从 A 处出针，往复四次（俗称四上四下），完成一组线迹；C、D 处完成另一组线迹。缝线顺序也可以是先 AC 后 BD，或者先 AD 后 BC，不同顺序使得纽扣表面线迹不同。特别注意：每次穿引线必须松量一致（略大于门襟厚度），便于绕线柱。

（3）绕线柱：绕线柱时由上而下，紧密缠绕，一般绕 6~8 圈，高度为 3~5mm，保证扣好纽扣后衣服平整、服帖。

（4）收针：在线柱底端打止针结，并将线结引入线柱内；然后针穿至反面，紧扣布面再打止针结，针再次穿至正面，将线结带入夹层，保证反面整洁。

为防止钉扣部位受力损坏，钉扣时可以在反面加缝支力扣。

12. 拉线襻

常用的线襻有活线襻、梭子襻、双花襻等。

（1）活线襻：用于带活里服装底边处面料贴边与里子的连接，也可用于裙腰里侧的吊挂带，如图 3-15（a）所示。其操作步骤如下：由贴边摆缝反面起针，线结藏于夹层中，缝两针后留出线套；左手撑开线套，中指钩出下一个线套；右手配合左手拉线、放线，直到线襻满足长度要求，针从最后一个线套中穿出；在里子摆缝贴边对应的位置缝两针固定，收针。

（2）梭子襻：在袖开衩处做假扣眼，线迹一环扣一环，呈链状，如图 3-15（b）所示。操作时由反面起针，留出线套；在出针点正上方约 0.2cm 点入针，斜向前约 0.6cm 出针，并压住线套，完成一组线迹；每次出（入）针点保持在同一条直线上，且距离相等，线迹成直线状，也可以根据要求调整线迹走向；收针时，于出针后跨过线套同一点入针，反面打结即可。

（3）双花襻：用于驳头的插花眼。操作时，首先在确定的位置打四条衬线，正面留出约 30cm 线尾；然后线头、线尾分别在衬线两侧留出线套，并从衬线上、下跨过，穿入对方线套，同时收紧两侧线套，完成一组线迹；往复穿套，直到填满衬线；最后将两线头穿至反面打结、收针，如图 3-15（c）所示。

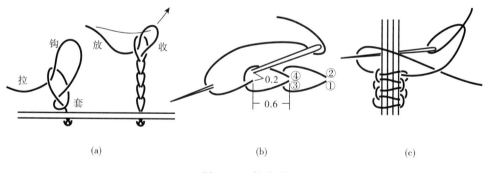

| (a) | (b) | (c) |

图 3-15　拉线襻

13. 套结针法

套结针法主要用于中式服装摆缝开衩处、袋口两端、门襟封口等部位，既增加牢度又美观，如图 3-16 所示。

具体操作步骤如下：

（1）缝衬线：由反面起针，在开衩止点处横向缝四行衬线，线尽量靠紧。

（2）套入：用锁针缝牢衬线及布面，注意抽线时不宜太紧，每针拉力要均匀。要求针针密锁，排列整齐。

（3）收针：衬线锁满后针穿至反面打结。

14. 绕缝

绕缝俗称甩缝子、反缝头，主要用于毛呢服装边缘无法锁边的部位，使毛边不易散开。通常使用白粗棉线，始终由反面入针、正面出针形成斜形线迹，如图 3-17 所示。要求线迹均匀，倾斜度一致，松紧适宜，边缘不起毛。

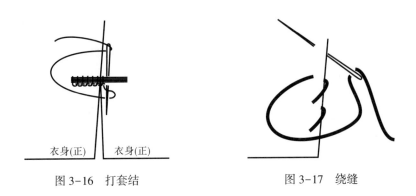

图 3-16　打套结　　　　　　　图 3-17　绕缝

三、手缝工艺实训

1. 手缝针法练习

要求：（1）准确而熟练地掌握常用针法。

（2）各针法符合各自的工艺要求。

（3）注意实用与美观的很好结合。

2. 综合练习

将所学的手缝针法集中表现在一块布料上，布料净大 30cm×40cm。

要求：（1）针法准确，符合各自的工艺要求。

（2）各种针法编排运用合理。

（3）图面体现一定主题，具有设计意识，构图合理。

（4）布面整洁，无毛边。

第二节　机缝工艺基础

课前准备

1. 材料准备

（1）白坯布：练习用布，幅宽 160cm，长度 100cm。

（2）缝线：大卷缝纫线一个（颜色自选）。

（3）牛皮纸：一整张牛皮纸（纸上空缉训练）。

2. 工具准备

备齐常用制图工具、手缝工具，另准备机缝工具及用品：14号机针1包（10根），梭皮、梭芯各1个，"一"字头小号螺丝刀1把（装针用）。

机缝工艺是需要借助缝纫设备完成的缝制工艺，基础内容主要包括线迹与缝型、常用设备与针法等。

一、机缝线迹与缝型

线迹与缝型是缝制过程中两个最基本的因素，为了规范服装工业生产技术文件的表达，便于各国服装企业的交流与合作，国际标准化组织（International Organization for Standardization，ISO）制定了线迹标准与缝型标准。

（一）线迹类型

线迹是指缝料上相邻针眼之间的缝线（组织）结构单元，各条缝线在线迹中的相互配置关系决定了线迹结构的形成。

为使用方便，根据线迹的形成方法和结构的变化，将线迹进行了分类，国际标准化组织于1979年10月拟定了线迹类型标准，代号为ISO 4915，该标准将线迹类型分为六级，其列举了88种线迹图例，下面简单介绍各种类型的常用线迹及其特点与用途。

1. 100 级链式线迹

这类线迹有七种，多数为单环链式，如图3-18所示。其优点是环与环相互穿套，使线迹具有弹性；缝纫时不用梭芯，缝制效率高。缺点是易脱散，缝合可靠性差，耗线量大。

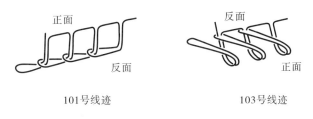

101号线迹　　　　　　103号线迹

图3-18　常用链式线迹

常用的101号线迹，一般用于针织服装的缝合，以配合服装本身具有的弹性；也用于包装袋封口，如面袋、米袋等，便于拆解；还可用于钉扣及西服领的纳驳头。

103号线迹多用于服装折边的缲缝。

2. 200 级仿手工线迹

这类线迹有13种，主要用于不便机缝的部位或者需要加固的部位，同时具有一定装饰作用，如图3-19所示。

常用的202号线迹，俗称回针，缝料上表面线迹呈直线连续状态，下表面呈斜向叠合状态，用于加固某些部位的缝口牢度。

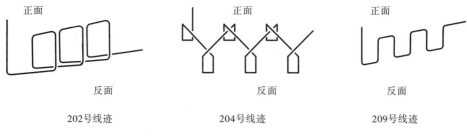

图 3-19　常用仿手工线迹

204 号线迹，俗称三角针，正面点状线迹不明显，常用于服装贴边的固定。

209 号线迹，俗称拱针，用于衣片的临时固定或装饰性固定，如西服过面的固定。

3. 300 级锁式线迹

这类线迹有 27 种，由面线（机针导入）和底线（梭芯导入）在缝料中相互套挂形成，正反面线迹相同，如图 3-20 所示。其优点是用线量少，不易脱散；上下层缝合紧密，线迹结构简单、牢固。缺点是弹性差，需要频繁更换梭芯，影响缝纫效率。

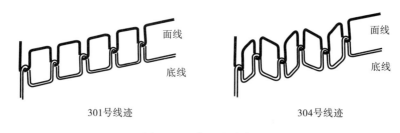

图 3-20　常用锁式线迹

常用的 301 号线迹，是缝纫中最常见的线迹，外观呈直线连续状。一般用于普通衣料（弹性很小）的缝合及零部件的缝制。

304 号线迹，外观呈折线连续状，弹性较好，外形美观，但用线量较多，线迹有一定的宽度，不适合用于衣片的连接，而多用于止口装饰、打套结、锁平头眼等。

4. 400 级多线链式线迹

这类线迹有 17 种，由两条以上缝线相互套环形成，如图 3-21 所示。面线由直针导入，可以是单针、双针、三针、四针，底线由一个弯针导入。其优点是弹性好，强力大，缝纫效率高，与 100 级线迹相比不易脱散。缺点是用线量大。

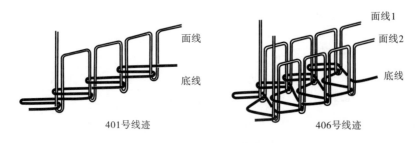

图 3-21　常用多线链式线迹

常用的 401 号线迹，由单针两线形成，正面呈直线连续状，反面套环，常用于裤装后裆缝的加固、牛仔裤的合缝等。

406 号线迹，又称绷缝线迹，由双针三线形成，正面呈双直线平行状，反面往复环套，呈一定宽度网状覆盖，多用于针织服装滚边、折边固定等。

5. 500 级包缝线迹

这类线迹有 15 种，主要作用是包覆缝料边缘，防脱散，弹性好。如图 3-22 所示，常用的 501 号线迹为单线包缝，易脱散，一般用于毛毯边缘的包缝。

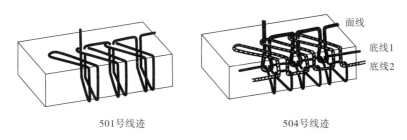

501号线迹　　　　　　　504号线迹

图 3-22　常用包缝线迹

504 号线迹为三线包缝，覆盖较密，用于各类织物的包边处理。该线迹与 401 号线迹组合后形成复合线迹，称为五线包缝，既能防止边缘脱散又可以缝合衣片，多用于针织类服装的合缝。

6. 600 级覆盖链式线迹

这类线迹有 9 种，也属于绷缝线迹，在国际标准中，无装饰线的绷缝线迹归属于 400 级，有装饰线的归属于 600 级。如 406 号线迹加一条装饰线为 602 号线迹，加两条装饰线为 603 号线迹，如图 3-23 所示。其优点是强力大，拉伸性好，美观平整，主要用于针织服装滚边、固定折边、拼接等。

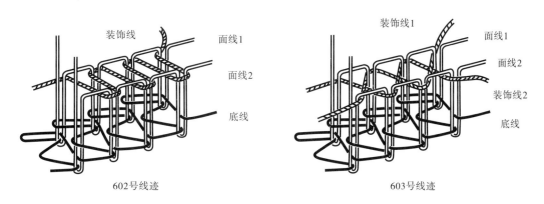

602号线迹　　　　　　　603号线迹

图 3-23　常用覆盖链式线迹

（二）缝型

缝型是指一定数量的缝料在缝制过程中的配置形态，即缝料间的层次与位置关系。

1. 缝型分类

根据缝料数量及配置方式，可将缝型分为八类，如图3-24所示。其中缝料被缝合一侧的布边称为"有限布边"（用直线表示），与该边相对的另一边称为"无限布边"（用波浪线表示）。

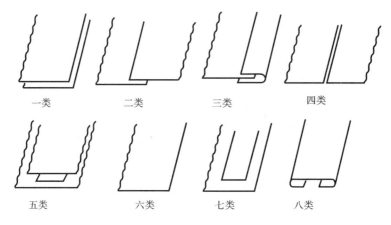

一类　　　　二类　　　　三类　　　　四类

五类　　　　六类　　　　七类　　　　八类

图 3-24　缝型分类

（1）一类缝型：两片或两片以上缝料在有限布边一侧叠合，单侧或两侧均为有限布边。

（2）二类缝型：两片或两片以上的缝料，在有限布边一侧搭合。

（3）三类缝型：两片或两片以上的缝料，其中一片两侧均为有限布边，双折后将另一片缝料的有限布边夹入其中。

（4）四类缝型：两片或两片以上缝料拼合，有限布边相对。

（5）五类缝型：两片或两片以上缝料，其中一片重叠于另一片的某一位置处，有限布边无要求。

（6）六类缝型：一片缝料，无位置关系，任意一侧为有限布边。

（7）七类缝型：两片或两片以上缝料，其中一片的任意一侧为有限布边，其余缝料两侧均为有限布边，重叠置于上述缝料有限布边一侧。

（8）八类缝型：一片或一片以上缝料，缝料两侧均为有限布边。

2. 机针穿刺缝料的方式

缝合时，机针穿刺缝料的方式有三种，如图3-25所示。一是穿透全部缝料；二是不穿透全部缝料，三是成为缝料的切线。根据机针穿刺缝料的部位不同或缝料排列的不同分别用01到99表示。

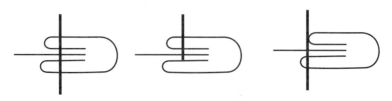

图 3-25　针穿刺缝料的方式

3. 缝型的国际标准表示方法

1982 年国际标准化组织颁布了缝型标准，代号 ISO 4916—1982（现行 ISO 4916—1991 已替代此标准）。按照此标准，缝型可由 5 个数字表示，代号命名的排列顺序如图 3-26 所示。

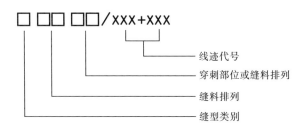

图 3-26　缝型的表示方法

第一个数字代表缝型类别，用 1~8 表示；第二个数字和第三个数字表示缝料排列形态；第四个数字和第五个数字表示机针穿刺情况。

通常情况下，线迹与缝型代号共同表明工艺要求，所以在缝型代号之后是线迹代号，用"/"分开，如果有多种线迹，则自左向右排列，用"+"连接。

服装缝制过程中常用的缝型代号见表 3-2。

表 3-2　常用缝型代号

线迹类型	缝型	缝型示意图
锁缝类	平缝（1.01.01/301）	
	来去缝（1.06.02/301）	
	坐缉缝（2.02.03/301）	
	装拉链（4.07.02/301）	
	压缉缝（5.05.01/301）	
	折边缝（6.03.03/301）	
	绣花（6.01.01/304）	
	钉商标（7.02.01/301）	
	卷腰口（7.26.01/301）	

续表

线迹类型	缝型	缝型示意图
绷缝类	滚边（3.03.11/602 或 605）	
	双针绷缝（4.04.01/406）	
	腰口折边（6.02.07/406 或 407）	
	装松紧带（7.15.02/406 或 407）	
	缝串带（8.02.01/406）	
包缝类	三线包边（6.01.01/504）	
	三线包缝（1.01.01/504 或 505）	
	五线包缝（1.01.03/401+504）	
	四线包缝带肩条（1.23.03/512 或 514）	
链缝类	平缝（1.01.01/101 或 401）	
	双针双包边（2.04.04/401+404）	
	双针滚边（3.03.11/401+404）	
	滚边（3.05.03/401）	
	压绲条（5.06.01/401+401）	
	缝褶裥（5.02.01/401）	
	缲边（6.03.05/103 或 409）	
	锁眼（6.05.01/404）	
	双针装松紧带（7.25.01/401）	

注 带肩条是指包缝时顺便带上防止肩线变形的布条，多用于针织服装。

二、机缝常用设备简介

常用机缝设备有工业用平缝机、三线包缝机、四线包缝机、五线包缝机、双针机、绷边机、锁眼机等。

(一) 工业用平缝机

平缝机是最常用的缝纫设备，主要用于衣片的连接及部件的缝制，成缝线迹301型。

1. 平缝机主要部件

如图 3-27 所示，平缝机的主要部件包括机头、台板、电动机、机架与踏板。

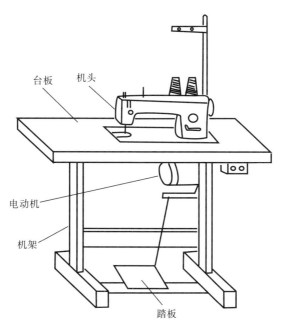

图 3-27 平缝机

(1) 机头：平缝机的核心部分，由运动构件与固定构件组合而成。运动构件的主要作用是完成缝合线迹，包括成缝机构和润滑机构。成缝机构包括引线机构、钩线机构、挑线机构和送料机构。固定构件的主要作用是支撑、辅助成缝和安全保护，包括外壳、压脚、过线机构、绕线器等。

(2) 台板：台板支撑机头，是主要的工作面。

(3) 电动机：机器的动力机构，需要连接 220V 或 380V 电源。电动机通过皮带与机头转轮连接。

(4) 机架：机架支撑台板、机头和电动机。

(5) 踏板：踏板通过挂钩与电动机相连，控制机器的启动及转速。

2. 机头的运动构件

机头的四大运动机构精密配合，共同完成缝纫动作。

（1）引线机构：指引导表面缝线穿过缝料的一系列构件，外观可以看到的有装针杆和机针，如图3-28所示。该机构通过装针杆驱动机针上下垂直运动，引导面线穿过缝料并在下面形成线环，为与底层缝线实现交叉套结作准备。

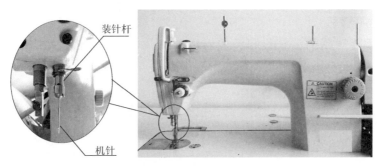

图3-28　引线机构

引线机构的功能最终通过机针来实现，平缝机的机针代号为DB，由七部分组成，如图3-29所示。

机针以针杆粗细来分号，号数越大针越粗，常用机针多为14号。机缝时，根据所要缝制的材料选择机针以及匹配的缝线。线的直径不能超过机针容线槽深度的80%，否则容易出现断线、拉线套等状况，影响缝纫质量。具体选择情况见表3-3。

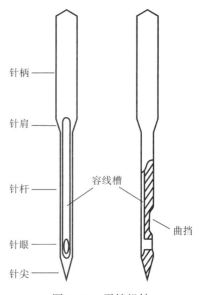

图3-29　平缝机针

表3-3　机针与缝线的配合选择

类别	机针型号	布料种类	缝线（公支）[2]
薄料	9号（65）[1]	薄细布、亚麻布、丝绸	棉、丝线80~100
	11号（75）	薄棉布、一般薄料	棉、涤线70~80
普通料	12号（80）	普通布料、细布	棉、涤线60~70
	14号（90）	粗斜纹布、薄毛织物	棉、涤线50~60
	16号（100）	普通手工织品、中厚料	棉、涤线40~50
厚料	18号（110）	厚毛织品、布袋帆布、一般厚料	棉、涤线30~40

①括号内数值为针杆直径的100倍，单位mm。

②线密度=1000/公制支数。

　　机针安装在装针杆下端，装针时，用小螺丝刀旋松顶针螺丝，将针插入针槽并顶足，特别注意针的方位，必须是长容线槽在机头左侧（朝外），针眼为左右方向，**确认无误后，左手捏紧机针，右手拧紧顶针螺丝。**

　　（2）钩线机构：指机头底部完成面线与底线相互交叉套结的一系列构件，外观可以看到的有旋梭和梭床，如图 3-30 所示。该机构通过带动旋梭转动完成钩线（表面缝线所留的线套）、分线、过线、脱线，同时放底线，实现面线与底线的交叉。

　　旋梭是导入底线的必要部件，包括梭壳与梭芯。

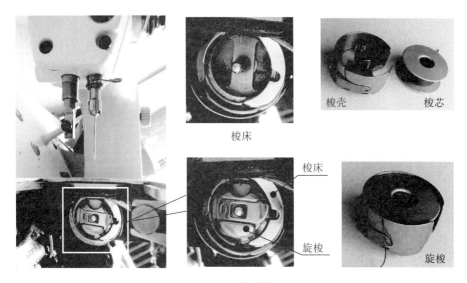

图 3-30　钩线机构

　　（3）挑线机构：指输送和收紧面线的一系列构件，外观可以看到挑线杆，如图 3-31 所示。该机构通过挑线杆与装针杆的一次同步往复运动，进行面线的放与收，并与送布机构配合形成一个完整的线迹。面线的收紧还需要借助固定的收线器张力装置，包括挑线簧、夹线器、线钩等。

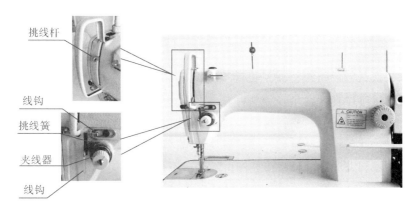

图 3-31　挑线机构

（4）送料机构：指输送缝料的一系列构件，外观可以看到送料牙，如图3-32所示。该机构通过送料牙向前、下降、向后、上升的交替运动，完成一定距离的送料动作。送料牙的动作周期与机针上下运动的周期是一致的。

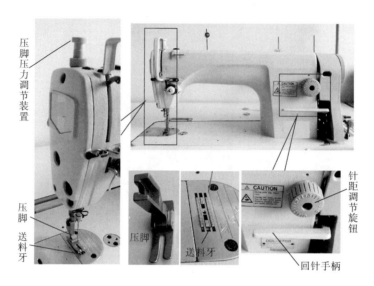

图3-32　送料机构

送料的动作需要压脚的配合。有了压脚的压力，才能使缝料与缝料之间、缝料与送料牙之间产生一定的摩擦力，有利于送布并减少缝料间的滑移。压脚的压力大小可以调节，顺时针拧紧压脚杆上部的螺帽，压力加大。压力的大小需要根据缝料的特征而定，缝料密实厚重时压力要大，缝料松软轻薄时压力要小。送料牙的高度、齿距也应与缝料的特征相匹配，中厚缝料选择粗齿、高位，薄料选择细齿、低位。

压脚为缝纫时的送料动作提供必要的压力，缝料在向前运送过程中，下层与送料牙的齿面接触，摩擦力较大；上层与压脚底部的光面接触，摩擦力较小，会引起上下层缝料的错位，为保证上下同步送料，需要操作者手部动作的调整。

送料的方向可以通过回针手柄控制（图3-32），正常状况下手柄处于高位，此时向前送料；将手柄压至低位时逆向送料；手柄压至居中水平位时，送料牙只做上下运动，不做前后运动，所以不送料。

送料牙一次送料的距离，就是机针连续两次穿过缝料间的距离，称为针距。工业平缝机的针距通常以毫米为单位，实际使用中，通常用针码密度来表示针距大小，即3cm内所走的针数。针距调节旋钮位于机头右侧（图3-32），调针距时需将回针手柄压至居中位置，然后再转动旋钮，顺时针方向调小，一般需要经过试缝确定是否符合要求。不同的缝料及同种缝料厚薄或部位不同，都应选择适当针距。

为避免压脚底部的磨损，压脚不可以与送料牙直接接触，尤其在运转时更不允许两者直接接触（即不允许无料磨合）。不需要缝纫时，压脚应该被抬起，可以手控也可以膝控。如图3-33所示，压脚手柄位于机头背面，膝控位于机板下方的右腿一侧。压脚是可拆卸的构件，可以根据缝纫的不同需求进行更换，具体内容另述。

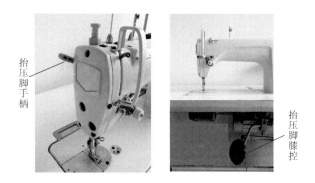

图 3-33 压脚及送料的控制

3. 缝线的穿引

（1）面线的穿引：穿引面线要按照图 3-34 中 1～12 的顺序依次进行，需要特别注意的是，挑线杆（9）隐蔽在保护罩下，容易漏穿。

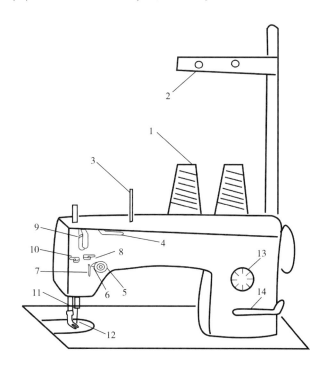

图 3-34 平缝机面线的穿引

1—线架　2、3、4、7、8、10、11—导线钩　5—夹线器　6—挑线簧
9—挑线杆　12—机针　13—针距调节旋钮　14——回针手柄

（2）底线的准备：底线需要缠绕在梭芯上，平缝机都有绕底线装置。老式平缝机的绕底线装置位于机头右侧、手轮下方，如图 3-35（a）所示；新式平缝机的绕底线装置位于机头顶面的右半区，如图 3-35（b）所示。操作方法相同，首先抬起压脚，

将梭芯置于绕线器上，推合挡线片，绕线器与手轮同步顺时针旋转，线缠满后挡线片自动弹开，绕线器停止转动。注意缠线时必须经过绕线夹线器，以保证底线张力均匀。

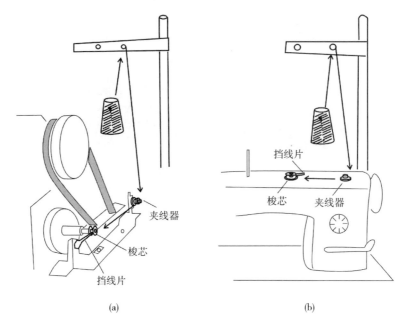

图 3-35　平缝机绕线装置

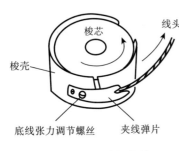

图 3-36　平缝机底梭

打满线的梭芯装入梭壳，线头夹入弹片下，拉动线头，梭芯逆时针转动时安装正确，如图 3-36 所示。底线张力由弹片提供，拉住线头，底梭能匀速下落表明张力适中。如果下落过快或过慢，适当微调螺丝改变张力，注意避免大动作拧螺丝，容易造成螺丝脱落遗失。

调好张力的底梭置于梭床中（缺口向上），要确保安装到位，否则不仅不能成缝，还会损坏机针和钩线机构。开始缝纫前，需要左手拉住面线线头，右手逆时针转动一圈机器的手轮，将底线带出，与面线一并压入压脚下备缝。面线张力配合底线调整，通过试缝，观察线迹情况，底、面线交结点在缝料厚度中间，线迹整齐、紧密时张力正好。面线张力通过夹线器调节，顺时针拧紧，张力变大。夹线器内容易夹入线头或杂物，需要经常清洁。

4. 平缝机的保养

（1）加油：一般平缝机都可以自动上油，注意定期检查机油是否充足。

（2）清洁：经常用干净纱布或软布擦拭机器表面，送步牙与梭床也需要定期清理。

（3）正确操作：先了解操作方法及再上机，不得违反操作规程，不缝纫时应将压脚抬起；加强日常检查，发现异常及时报告并处理；螺丝松动立即拧紧，部件磨损严重要及时更换。

5. 专用压脚

压脚不仅可以为送料提供必要的压力，也可以通过功能化的设计为不同的缝纫要求提供帮助，提高缝纫质量和效率，降低操作难度，这也是目前平缝机辅助件设计与改进的一个主要方面。下面介绍一些常见的专用压脚。

（1）不同缝料的专用压脚：如图3-37所示。

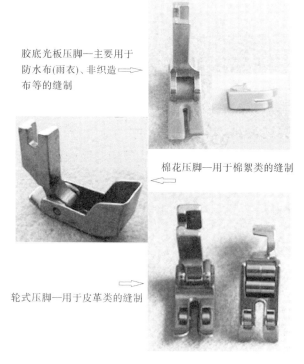

胶底光板压脚—主要用于防水布(雨衣)、非织造布等的缝制

棉花压脚—用于棉絮类的缝制

轮式压脚—用于皮革类的缝制

图3-37　不同缝料的专用压脚

（2）普通布料用的功能压脚：各种压脚的特征见表3-4。

表3-4　功能压脚的特征

名称	实物图	特征
单边压脚		只在机针的一侧提供压力，主要用于装普通拉链、绲止口等，可以根据缝制方向选择左、右单边

名称	实物图	特征
隐形拉链压脚	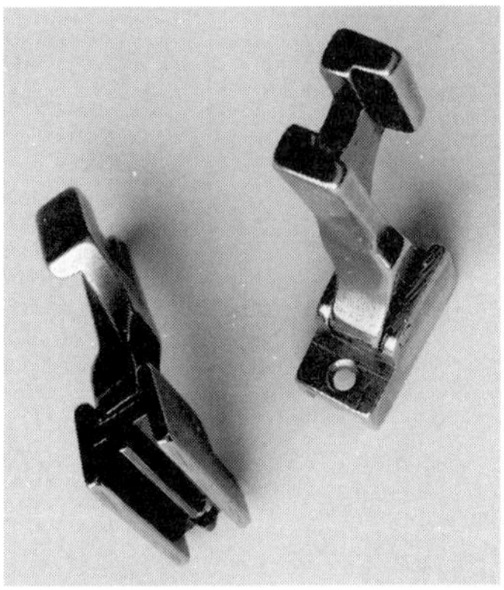	压脚底部有双凹槽，可以容纳隐形拉链的链牙，同时固定拉链的位置，专用于装隐形拉链
卷边压脚		压脚前端有螺旋状引导槽，缝料可以自动卷入。用于缝料边缘的卷边处理，可以根据工艺要求选择不同的卷边宽度
高低压脚		压脚前端底部的两侧高低不同，便于压合两侧厚度不同的止口部位。用于缉止口的明线，可以保证缉线与止口的间距，常用间距为 0.2cm
抽褶压脚	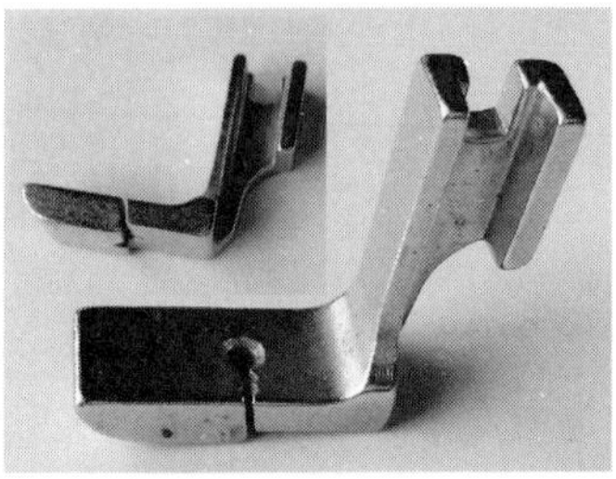	压脚底部前高后低，送料不顺畅自然形成均匀的褶皱，用于褶皱类装饰的固定

续表

名称	实物图	特征
嵌线压脚	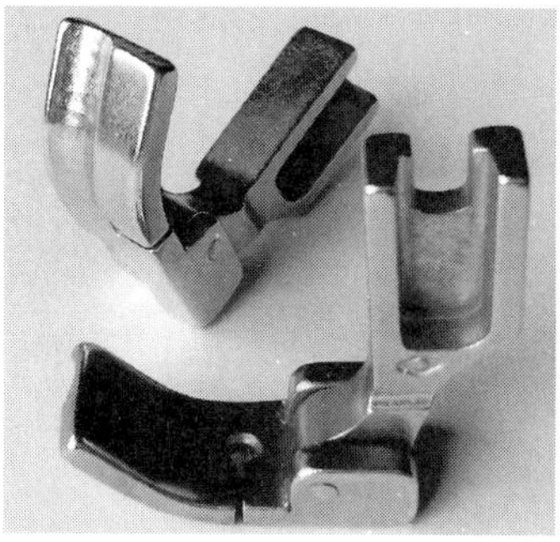	压脚底部有凹槽，可以容纳衬线，同时能保证衬线与边缘的间距均匀。用于有衬线装饰的部位的缝合
导带压脚	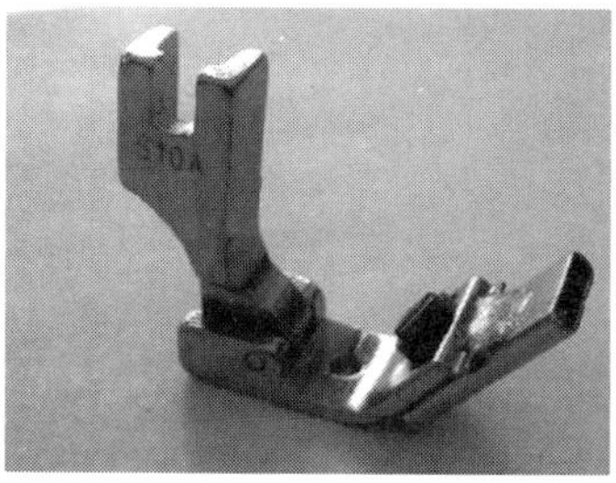	压脚前端有扁平的筒状导入口，用于带状缝件的固定
橡筋压脚	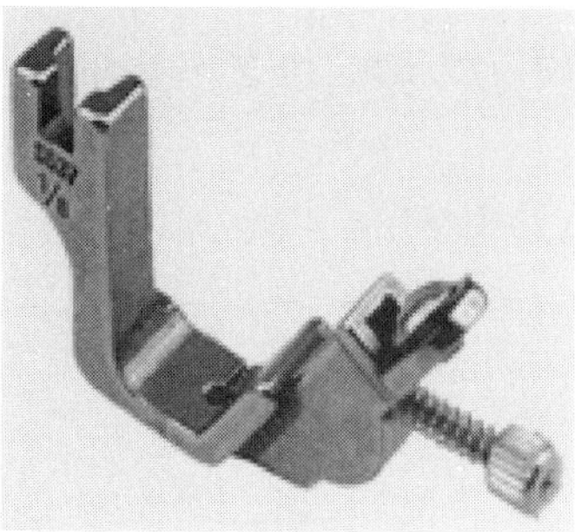	压脚前端有橡筋导入口，还可以通过调节橡筋导入的受力大小，控制缝料加装橡筋后的抽缩量。用于需要借助橡筋缩褶部位的固定

6. 电脑平缝机

电脑平缝机是指某些特定的操作可以由电脑系统进行控制的平缝机，实现了机针定位停车、定长缝纫、自动计数、自动挡线、自动倒缝、自动剪线、自动抬压脚等。

如图3-38所示，电脑平缝机是在普通平缝机上另外加装电脑控制系统。和普通平缝机相比，电脑平缝机的优势在于：线迹控制精确，缝制质量优良，缝制效率高；对操作者技能依赖程度低，易上手；节省缝线，耗电少；噪声低，发热量少，更加环保。但是电脑平缝机购买成本较高，电脑操作系统需要精心维护，必须严格遵守操作规程。

图 3-38　电脑平缝机

(二) 三线包缝机

三线包缝机也是常用机缝设备，主要用于布料边缘毛边的处理和弹性（针织）材料衣片的缝合，成缝线迹 504 型（合缝）、505 型（包边）。

1. 三线包缝机的主要部件

三线包缝机的主要部件与平缝机基本相同，主要区别是机头部分，另外踏板有两个，其中左踏板启动机器，右踏板控制压脚。

2. 机针

三线包缝机的机针代号为 DC，由八个部分组成，如图 3-39 所示。针柄部分比平缝机针短而且粗，针杆两侧均有容线槽。机针同样以针杆粗细来分号，号数越大针越粗，常用针多为 14 号。装针时，注意针眼为前后方向，长容线槽面对操作者。

3. 线的穿引

三条缝线要按照图 3-40 所示的顺序依次穿引。

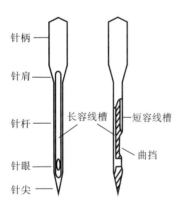

图 3-39　三线包缝机针

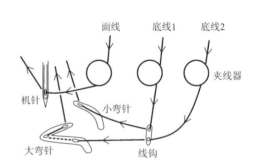

图 3-40　三线包缝机的引线方法

4. 操作方法

缝料置于压脚下，布边与压脚右侧平齐（超出压脚部分会被刀切掉），启动机器后注意保持匀速运转，突然变速容易造成断线。缝料自动前送，双手只需要整理缝料，左右调整保持前进方向，不可以拉住缝料，否则会使缝料变形，也容易断线。

（三）其他缝纫设备

四线包缝机、五线包缝机、双针机、缲边机、平头锁眼机、圆头锁眼机等也是常见的缝纫设备，简介见表3-5。

表3-5　其他常见缝纫设备简介

设备名称	成缝线迹	用途
四线包缝机	507、512、514	用于针织服装的包缝（只能倒缝）
五线包缝机	516、517	用于机织和针织面料衣片的合缝（只能倒缝）
单针双线链缝机	401	用于机织和针织面料衣片的合缝（可以劈缝）
双针三线绷缝机	406	针织服装的拼接、滚边、固定贴边等
平头锁眼机	304	薄料、普通厚度面料服装（衬衫）的扣眼锁缝
圆头锁眼机	401+101+502	中厚料、厚料服装（外套）的扣眼锁缝
套结机	304	服装受力较大部位（袋口、串带等）的加固
钉扣机	107 或 304	缝钉两眼、四眼的圆形平扣
缲边机	103	上衣底边、裙底边、脚口的固定

三、机缝基础训练

（一）空车练习

1. 机器的启动与停车

将压脚抬起，右脚放在踏板上，脚尖逐渐下压启动机器。如果一次没有启动，需要松开脚尖，使踏板复位，然后再稍加点力下压，直至机器启动。启动后，控制脚尖位置，保持用力不变，使机器匀速运转。停车时，脚尖松开踏板要果断、及时。注意踩踏板不能用力过大，会导致机器突然启动并高速运转，有一定危险性。

2. 手的辅助动作

机缝时，缝纫方向的控制及缝料的平服都由手帮助控制。调整方向时，双手用力要轻缓、均匀，突然用力或用力过大都会使线迹不顺，甚至损坏机针。缝两层或多层布料时，双手都放在压脚前方，左手按住上层缝料稍向压脚下推送，右手拇指在下，其余四指放在两层之间，捏住下层缝料稍加力向后拉，使上下层送步量一致。左右手互相配合，要求做到习惯自然。

3. 纸上空缉训练（训练手、脚、眼协调配合）

在纸上分别画直线、弧线、几何形、平行线，然后按线印进行练习。要求针迹与线印一致，不能偏离；中途尽量少停车，减少因停车造成的针迹不顺现象；需要转角时，针留在针板的容针孔中，再抬起压脚转动纸片，对准下一条线印。动作熟练后，再要求速度。

进行点缝训练，练习对平缝机的精确控制。启动机器，缝4~5个针迹停车，反复练习，要求做到主动控制针迹数量。

（二）缉布训练

缉布训练是为了进一步熟练缝纫动作，协调手、眼、脚的配合。

1. 缉线训练

类似于缉纸训练，增加缉缝不同布料，使学生体会不同材料的缉缝特点，增强实际缝制能力。要求线迹平整、牢固、松紧适宜，布面平服、整洁。

2. 起落针、倒回针训练

（1）起针：起始缉缝的入针。厚料相叠缉缝，由端口处起针，对准需要缉缝的位置，转动手轮使机针插入缝料，放下压脚，打开电源，启动机器缉缝。薄料缉缝时，起针应离开端口约1cm，起针后，先倒回针缉到端口处，再沿线迹重合向前缉缝。需要右手控制回针杆，脚踩踏板准确配合。

（2）落针：结束缉缝的收针。缉到尽头时，为加固缝迹，可重合回针2~3次，回针长度1cm。注意线迹重合且不要重复过多，会使缝迹加厚加硬。

（3）倒回针：对缝迹的加固针法。左手控制缝料走向，右手控制回针杆。

要求起落针线迹牢固，无浮线、脱线现象；倒回针一定要在原缝迹上进行，不能出现多轨线迹。

四、机缝针法

缝制服装时，借助缝制设备（平缝机为主）将裁片组合在一起，裁片间的连接方式称为针法。经过一定的针法缝合后，裁片间正面所呈现的痕迹称为缝口，反面被缝住的部分称为缝份。按照使用部位不同，可以将针法分为连接类针法与止口类针法。无论哪种针法，必须满足服装工艺的基本要求，即缝口平服顺畅、连接牢固、正反面无毛露，为此缝合时要做到缉线顺直、起针落针倒回针、合理处理毛边。

（一）连接类针法

连接类针法用于裁片间的连接，为了实现裁片的连接关系，连接部位都预留了一定的缝份。缝合后，缝份留在反面，能看到的毛边需要处理。反面缝合时，要求起针落针时重合倒回针，以保证缝合牢度；正面缉线时，要根据工艺要求确定起针落针是否回针。

1. 平缝

平缝即合缝，又称钩缝，是机缝中最基本的缝制方法，缝型代号为1.01.01。操作时，将上下两层裁片正面叠合，沿所留缝份进行缝合，注意起落针倒回针，如图3-41所示。下层裁片由送布牙直接推送走得较快，上层裁片有压脚的阻力且为间接推送走得较慢，容易产生上层长、下层短（上吃下）的现象。为保持上下层的平整，缝合时可适当拉紧下层、推送上层（有特殊工艺要求的例外）。合缝要求线迹顺直，缝份均匀，完成后布面平整，不吃不赶。

合缝后，缝份可以向两侧分开折转，称为劈缝份；也可以都倒向同一侧，称为倒缝份。采用劈缝份工艺的，需要提前将裁片分别锁边；采用倒缝份工艺的，缝合后两层毛边共同锁边。对缝份的固定也有不同的方法：

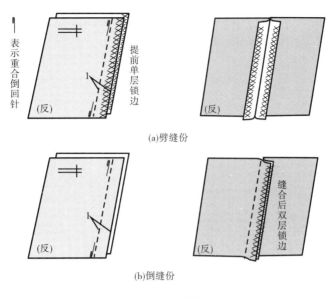

图 3-41 合缝

（1）分缉缝：也称劈压缝。平缝之后劈缝，从正面沿缝口缉线，分别固定两侧缝份，线迹与缝口间距 0.1cm，如图 3-42 所示。常用于领子的拼接，因为领子有双层，缝份不会露出，一般不需要处理毛边。

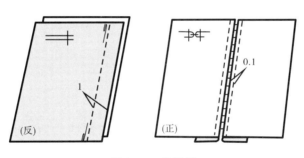

图 3-42 分缉缝

（2）坐缉缝：也称固压缝。平缝之后，将两层缝份共同锁边并倒缝，从正面沿缝口缉线固定缝份，线迹与缝口间距 0.2~0.6cm，起落针不需要回针，如图 3-43 所示。多用于休闲类服装，明线线迹同时具有装饰作用。

图 3-43 坐缉缝

（3）分坐缉缝：也称分压缝，平缝后，将上层缝份折转，距离止口 0.1cm 缉线，线迹与平缝线迹重合，如图 3-44 所示。多用于裤装后裆缝，具有固定缝份、增强牢度的作用。

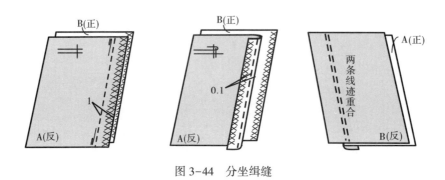

图 3-44　分坐缉缝

2. 搭缝

搭缝的缝型代号为 2.01.02。操作时，将两裁片的缝份互相搭合后，沿重叠区域的中线缉缝固定，如图 3-45 所示。要求线迹顺直，接合平服；两侧缝份一致，重叠宽度适当。这种针法缝份较薄，用于衬料、胆料等的拼接，不需要处理毛边。

3. 排缝

排缝为两裁片分别与第三裁片搭缝固定，正面刚好拼合，如图 3-46 所示。操作时要求两裁片不能相搭，也不能有间隙；完成后布面平整、无皱缩。该针法主要用于衬料或胆料的拼接，所有裁片都不需要处理毛边。为减少缝份厚度，第三裁片选用较薄布料。

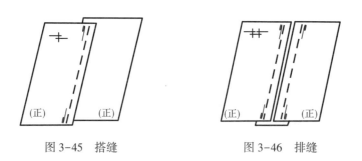

图 3-45　搭缝　　　　　　　　　图 3-46　排缝

4. 压缉缝

压缉缝也称扣压缝，先将一片裁片的缝份（1~1.2cm）向反面折转，并与另一裁片正面相搭，沿折转止口缉缝，缝型代号为 2.02.07，线迹与止口间距（0.1cm）根据工艺要求而定，缝份的毛边双层共同锁边处理，如图 3-47（a）所示。这种针法多用于绱过肩。

小裁片锁边，缝份扣折后与另一裁片的正面相叠，沿止口 0.1cm 缉缝，缝型代号为 5.05.01，如图 3-47（b）所示。这种针法多用于装贴袋。

压缉缝操作时要求线迹整齐，位置正确，平行美观；布面平服，折边无毛露。

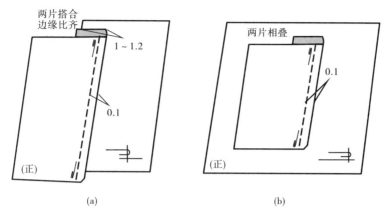

图 3-47 压缉缝

5. 来去缝

来去缝也称筒子缝或反正缝，缝型代号为 1.06.02。先做来缝：将裁片反面相对叠合，距离裁片边沿 0.3～0.4cm 平缝，并劈缝，保证缝口处没有坐势；再做去缝：将来缝的缝份修剪整齐，折转裁片，使正面叠合，距离止口 0.5～0.6cm 平缝；然后打开两裁片，将缝份折倒、熨平，如图 3-48 所示。操作时，要求来缝的缝份要小于去缝的缝份，但不能过小，以免影响牢度；去缝的缝份整齐、均匀、无绞皱、无毛露。该针法两条线迹缝合后，裁片反面形成"筒"状缝份，裁片毛边被藏在筒内，正面无线迹，反面无毛边，是比较精致的工艺。这种针法常用于女衬衫（薄料）和童装的侧缝、袖缝等处的缝合。

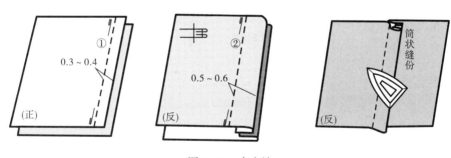

图 3-48 来去缝

6. 滚包缝

滚包缝为两裁片正面相对，净线（缝合位置）比齐叠合，先将下层裁片（缝份2～2.5cm）折转毛边 0.5cm，再包卷上层裁片的缝份（0.8～1cm），并沿折边止口 0.1cm 缉线，如图 3-49 所示；然后打开两裁片，向下层裁片方向折倒缝份、烫平。操作时要求包卷折边宽度一致，平整无绞皱；线迹顺直，止口均匀，无毛露。该针法经过一条线迹的缝合，正面无线迹，反面无毛边，是比较精致的工艺，主要用于薄料的缝合。

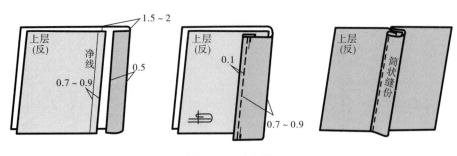

图 3-49 滚包缝

7. 暗包缝

暗包缝也称裹缝、内包缝，缝型代号为 2.04.04。先做包缝：两层裁片正面相对错位叠合，下层裁片（缝份 1.5cm）包转上层缝份 0.7cm，沿裁片边缘缉缝；然后打开上层裁片（A 片），拉平缝口，正面缉线，距离缝口 0.4~0.5cm，注意不能漏缉缝份，如图 3-50 所示。操作时要求正面线迹顺直，缝口平服；反面缝份平整，无毛露。该针法正面一条线迹，反面两条线迹，正、反面都没有毛边，牢度高，主要用于男衬衫、工装裤、牛仔裤的缝制。

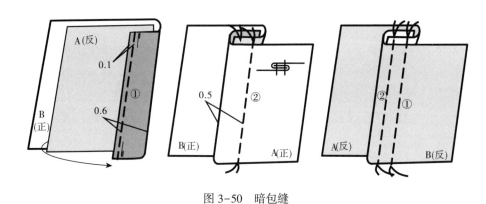

图 3-50 暗包缝

8. 明包缝

明包缝也称外包缝。操作方法与暗包缝有两点不同：一是最初叠合时是反面相对，二是两层打开时需要折转下层，使缝份留在正面，并向毛边方向折倒，沿止口 0.1cm缉线，如图 3-51 所示。操作时要求正面线迹顺直，缝口平服，无毛露；反面无坐势。该针法正面两条线迹，反面一条线迹，正、反面都没有毛边，牢度高而且美观，主要用于男衬衫、风衣、夹克的缝制。

（二）止口类针法

服装边缘部位通常称为止口，要求线条顺畅、形状稳定、无毛露。为此，止口处至少需要双层，其里面一层称为贴边。止口为直线的部位，贴边可以在表层裁片上直接加出需要的面积，称为连裁贴边；止口为弧线的部位，贴边要求与表层边缘形状相同，需要单独成片，称为另加贴边。

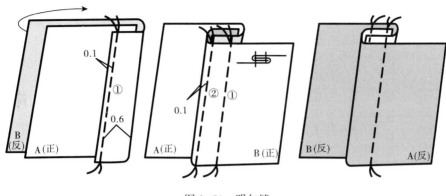

图 3-51 明包缝

1. 折边缝

折边缝的缝型代号为 6.03.04。操作时，先将连裁的贴边沿边扣折 0.5~1cm，再扣折 2~3cm，然后沿折边上口缉缝，如图 3-52 所示。该针法要求折转的贴边平服，宽度一致；缉线顺直，与止口间距均匀，无毛露。缝合后，正、反面均有一条线迹，线迹与止口的间距根据工艺要求而定。常用在非透明布料的裤口、袖口、底边等处连裁贴边的固定。

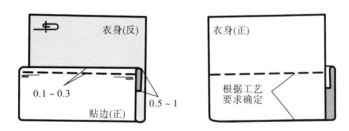

图 3-52 折边缝

2. 卷边缝

卷边缝是将连裁的贴边等宽度连折两次，贴边净宽度 1.5~2cm，再沿折边上口缉缝，如图 3-53 所示。这种针法的操作和要求与折边缝相同，主要用于透明布料的裤口、袖口、底边等处连裁贴边的固定。

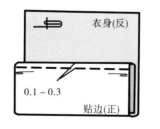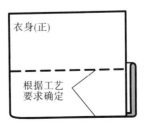

图 3-53 卷边缝

3. 漏落缝

漏落缝也称灌缝。先缝合两裁片并劈缝，然后在正面缝口内绱缝，带住下层布料，如图3-54所示。操作时，要求正面绱缝线迹不能落在缝口两侧，包边布（A）需要提前单层锁边。这种针法正面无线迹，属于无明线的固定工艺，用于固定挖袋嵌线、装腰头、包止口毛边等。

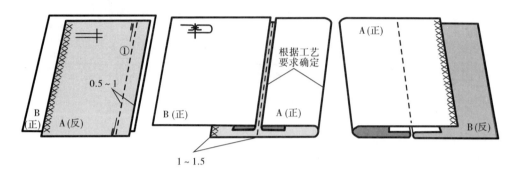

图3-54　漏落缝

4. 钩压缝

钩压缝也称钩止口，缝型代号为1.06.03。先做钩缝：将裁片正面相对叠合，沿净线平缝，劈缝（确保缝口部位不留坐势）；再做压缝：将裁片翻至正面，保持表层略有外吐，烫平止口，沿边绱线，线迹与止口间距根据工艺要求而定，如图3-55所示。钩缝转角部位时，操作要求略吃进表层，以保证成品有自然窝势；压缝时，要求止口均匀、线迹整齐，保持窝势。该针法用于做贴边时，贴边需要提前处理毛边；用于做袋盖、领子、襻等双层部件时，不需要处理毛边。

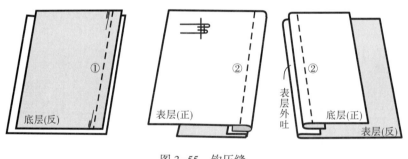

图3-55　钩压缝

5. 骑缝

骑缝也称闷缝、咬缝，是双层夹合单层的针法。操作方法有三种，完成后要求线迹顺直，布面平服，无涟形。

（1）双面夹缝：缝型代号为2.42.01。操作时，先将裁片A的两边扣折0.5~1cm，然后双折，使底层比表层宽出0.1cm；夹住裁片B的缝份，沿折边正面绱线0.1cm，如图3-56所示。绱缝时，注意要尽量推送上层，带紧下层，保持上下平齐。这种针法用于装袖克夫、袖衩、滚条等。

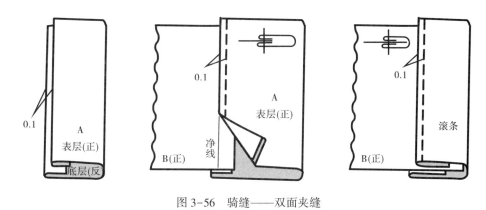

图 3-56　骑缝——双面夹缝

（2）反正夹缝：缝型代号为 3.05.06。操作时，先将裁片 A 的正面与裁片 B 的反面叠合，1cm 缝份缝第一道线；再将裁片 A 翻出并扣折另一侧的缝份，然后拿起折边，压在刚好盖住第一道缝线的位置，沿折边正面缉线 0.1cm，如图 3-57 所示。缉缝时同样注意送上层、带下层，这种针法用于装领、腰头、门襟条等。

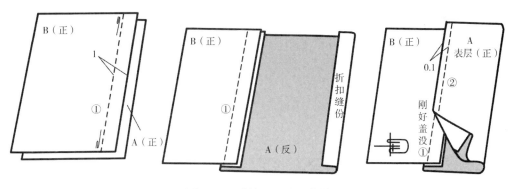

图 3-57　骑缝——反正夹缝

（3）正反夹缝：缝型代号为 3.03.01，两裁片正面相对叠合，1cm 缝份缝第一道线；再将裁片 A 翻正，沿中线折转；从正面缝口处漏落缝或者沿折边缉线 0.1cm，带住下层，如图 3-58 所示。缉缝时同样注意送上层、带下层，这种针法用于装腰头。

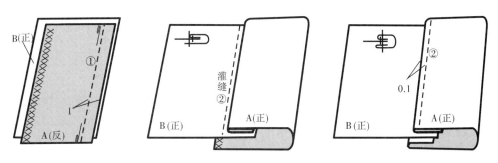

图 3-58　骑缝——正反夹缝

五、机缝工艺实训

(一) 纸上空缉训练

1. 在8开的牛皮纸上顺长度方向缉直线、弧线及平行线。

要求:(1) 针眼不能偏离画线。

(2) 控制好机速。

(3) 在一定时间内完成。

2. 在8开牛皮纸上练习点缝。

要求:(1) 3~4针一组做练习,不能多针、少针。

(2) 回针练习针迹要重合。

(二) 缉布训练

1. 各种机缝针法练习。

要求:(1) 总结各种针法中各个裁片需要的缝份或贴边加放量,以便准确备料。

(2) 平缝一定要过关,符合工艺要求。

(3) 各针法操作正确,符合各自要求。

2. 机缝针法综合练习。

应用所有机缝针法拼接布条,成品要求如图3-59所示。

要求:(1) 包括所学各种针法(折边缝或卷边缝选做一种)。

(2) 各针法正确,符合工艺要求。

(3) 针法排列应用合理。

(4) 布面整洁。

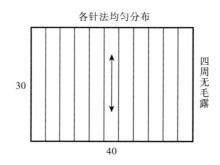

图3-59 机缝针法练习作品

(三) 针法应用

1. 设计并制作枕套一个,并编写设计说明。

设计说明包括以下内容:作品名称、款式图、款式说明、材料说明(主材及辅料)、结构图及毛样板(1:5)、工艺流程框图、缝制工艺方法及要求等。

2. 设计并制作袖套一副,并编写设计说明。

3. 设计并制作包袋一个,并编写设计说明。

第三节　熨烫工艺基础

课前准备

白坯布：练习用布，幅宽 160cm，长度 50cm。

熨烫是服装加工过程中的一道重要工序，业内素有"（成衣）三分做，七分烫"的说法。

一、熨烫的作用

1. 在制作服装前通过对面料喷水、熨烫，可使面料获得一定预缩，同时去掉褶皱，平服折痕。

2. 运用熨烫中的"归、拔"工艺，利用面料纤维的可塑性，适当改变织物经纬组织的密度和方向，塑造服装的主体造型，使服装更适合人的体型和运动的需要，弥补平面裁剪的不足。

3. 缝制过程中边熨烫、边缝纫，能使定位准确，缝制精准，从而保证成衣质量。

4. 成衣经过后整烫、热定型处理后，造型自然，表面平整、挺括，褶裥、线条笔挺，穿着舒适，具有整体美感。

二、熨烫工具及设备

(一) 熨烫工具

1. **常用的熨烫工具**（图 3-60）

（1）熨斗：熨烫中最主要也是最普通的工具，常用的有普通调温电熨斗和蒸汽式调温电熨斗。

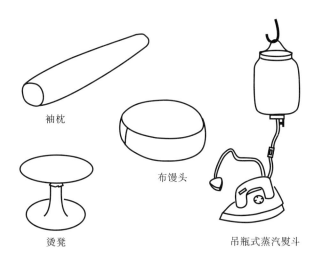

袖枕

布馒头

烫凳

吊瓶式蒸汽熨斗

图 3-60　常用熨烫工具

（2）烫布：盖在被烫衣物表面的布料，一般用纯棉白细布，主要防止衣料表面被烫焦，或起"极光"。

（3）布馒头：熨烫服装中开阔曲面部位的辅助工具。

（4）铁凳：类似于布馒头的辅助工具，主要用于熨烫肩部。

（5）袖枕：熨烫服装中狭长弧面部位的辅助工具，如熨烫袖缝、裆缝、裤侧缝等。

（6）平整的桌子：熨烫时必备的设备。

（7）薄棉毯：铺在桌面上作烫垫用。

（8）喷水器：加湿用的工具（蒸汽熨斗不需要）。

2. 熨烫工具的使用与保养

（1）使用熨斗时要注意安全。不用时，应放在专用底座上，并切断电源，不要随手放在被烫衣物或工作台上，以免烫坏衣物或工作台板或引起火灾。

（2）注意保持熨斗底部清洁。熨烫时，注意工作台面整洁，特别注意黏合衬的碎料要及时清理，以防熨斗沾上胶粒和污垢，弄脏或损坏衣物。

（3）各种熨烫用具用完后切忌随手乱丢乱放，以免弄脏或弄坏。

（二）熨烫设备

蒸汽熨烫设备的高温和热压条件，远远超过只能在局部范围熨烫的熨斗，既省时省力，又熨烫彻底、效果好，适用于成衣整烫。

成品熨烫设备包括真空吸风烫台、熨烫模具、锅炉、空压机、熨斗等。真空吸风烫台是带有真空抽湿装置，能配备各种形状的模头，是熨烫服装的工作台。锅炉、空压机为熨烫提供高压蒸汽，通过熨斗对服装给湿和加热，其高温蒸汽均匀渗透到服装内部，从而使面料纤维变得柔软可塑，然后再通过各种压模定型，最后利用真空泵抽去水分，使服装迅速冷却、干燥，实现服装定型。

三、熨烫的基本原则

1. 把握正确的熨烫温度。熨烫中要常试温，忌烫黄、烫焦衣物。

2. 给湿正确。喷水或加蒸汽要均匀、适度，忌过干或过湿。

3. 注意力要集中。熨烫时，移动熨斗要根据熨烫要求，掌握轻重缓急，要随时观察熨烫效果，熨斗不能长时间停留在一个位置上。

4. 被熨烫的衣物要垫实展平。平烫时要有薄垫呢，定型时布馒头等也要垫稳、垫实。

5. 合理选择熨斗的使用部位。熨烫时根据衣物部位及工艺要求的不同，有时用熨斗底的全部，有时需用尖部、侧部、后部等。

6. 双手密切配合。右手持熨斗操作，左手固定衣物，分缝烫时用手指劈开缝份，归拔时将丝缕辅助聚拢或抻开。

四、熨烫要素

温度、压力、时间、湿度是熨烫工艺的基本要素。各要素适当配合，可达到定型的完美效果。

(一) 熨烫温度

各种布料因材料和染料等的不同，要求的熨烫温度也不同，可通过试烫法试验后确定。调温熨斗上已明确各类面料适宜熨烫的温度，正常情况下可直接选定。常见面料熨烫温度和时间见表3-6。

表3-6　常见面料熨烫温度和时间

衣料品种	熨烫温度（℃）	原位熨烫时间（s）	方法
尼龙织物	90~110	3~4	干烫
涤棉、涤纶织物	120~160	3~5	喷水熨烫
丝绸	110~130	3~4	干烫
棉坯布	130~150	若干	喷水熨烫
混纺呢绒	140~160	5~10	盖湿布熨烫
毛涤织物	140~160	5~10	盖湿布熨烫
全棉府绸	150~160	3~5	喷水熨烫
全毛呢绒	160~180	10	盖湿布熨烫

熨斗不能显示温度，可通过水滴在熨斗的底面上，听音观察变化确定熨斗的温度，见表3-7。

表3-7　滴水法测试熨斗温度

温度（℃）	声音	看水滴
<100	无声	水滴形状不散开
100~120	嗤	水滴扩散开，有很大的水泡
130~150	叽由	发出水泡，不太沾湿，向四周溅出小水滴
160~180	短的"扑叽"声	不起泡，发出滚转水滴，很少存留水珠
>190	更短的"扑叽"声	熨斗底面完全不沾湿，水滴迅速蒸发成汽

(二) 熨烫湿度

许多布料熨烫时需要加湿，使其保持一定的湿度，尤其对天然纤维织物，湿度大小会直接影响熨烫效果。

注意：合成纤维织物不能简单地加湿加温，如果经过高温水浸泡，会把布料弄得很皱，更不易烫平；维纶在潮湿状态下受高温会收缩熔化，所以只能干烫。

(三) 熨烫的压力和时间

熨烫压力和时间的选定随布料的质地和厚薄而定。衣料薄或织物组织疏松，所需压力小，时间短，温度也低；对于厚实紧密的面料则相反。

熨斗不宜在布料的某一位置长时间停留或重压，以免留下熨斗的印痕或烫变色。

五、熨烫方法

操作熨斗的手法有提、压、滑、推等，"提"指的是提起熨斗，"压"指的是熨斗不动时施加压力，"滑"指的是不加压力地移动熨斗，"推"指的是在移动熨斗时同步施加压力。经过熨斗"推"的布料，会沿推移方向变长，并且压力越大，产生的变形越大。熨烫时，需要根据熨烫效果要求，适当调整手法。

根据熨烫目的的不同，熨烫方法大致分为平烫、起烫、分烫、扣烫、压烫、归拔等。无论采用哪种技法，在操作前都应试烫，以免损坏面料。

（一）平烫

平烫是将衣物放在衬垫物上，依照衬垫物的造型烫平整，不做特意伸缩处理的一种方法。常用于布料去皱、缩水或服装的表面整理等。操作过程如下：

（1）选择一块有皱痕的布料，平铺在工作台上。

（2）根据指示调整控温旋钮，或用滴水法测试熨斗底温度；另取一块同种碎料试烫，确认温度合适后再进行熨烫。

（3）在明显的折痕部位刷少量水，其他部位熨烫时同步加蒸汽。

（4）右手持熨斗，从右至左，由下向上"滑"；或由中心向左右、上下移动；同步加湿，均匀控制湿度。左手按住布料，配合右手动作，使布料不随熨斗移动。为避免搓皱布料，当熨斗向前移动时，略抬起尖部，熨斗后退时，略抬起后部；操作时注意平稳移动熨斗，"压"力均匀。切忌在局部用力压住熨斗反复推移，造成局部变形。

要求：布面烫平整、干燥，完全消除皱痕，无烫黄、烫焦现象。

（二）起烫

起烫是处理织物表面留下的水花、极光或绒毛倒伏现象的熨烫方法。该手法比平烫要轻，力求使织物恢复原状。操作过程如下：

（1）取一块带有极光的织物，平铺在工作台上。

（2）布面上铺一块含水量较大的水布。

（3）手提高温熨斗，悬在有极光的部位，前后左右反复擦动。注意熨斗不能压布料。

（4）轻烫水布表面，将布料烫干。

要求：熨烫时手势始终要轻，不能操之过急，更不能重压织物，造成新的极光或倒绒。

（三）分烫

分烫即分缝份，将缉缝后的缝份按需要劈开的熨烫方法。根据不同要求一般有平分烫、伸分烫、缩分烫等。

1. 平分烫

两裁片平缝后，将布面拉平，缝份朝上平铺在工作台上；左手在前拨开缝份，右手持熨斗，以熨斗尖部逐渐跟进左手，向前将缝份分开"压"实、烫平；翻至正面（盖上水布），以熨斗底的全部压住已烫分开的缝份，烫平、烫干。

要求：缝份完全打开，不留坐势；缝口平整，不变形。

2. 伸分烫

先做平分烫，缝份全部烫开后，以熨斗底全部压住缝份，向两边作拉伸熨烫。操作时，左手捏住缝份一端向外拉伸，右手持熨斗压住缝份另一端，边压边向前"推"，使缝口比原先变长，如图 3-61 所示。注意双手的配合，当熨斗底压住缝份伸分烫时，不能停留时间过长，以免烫坏布料；拉伸幅度应按需要而定，拉伸用力均匀。工艺要求与平分烫相同。

3. 缩分烫

平缝后的两块布料，缝份向上打开，下面垫袖枕或布馒头；操作时，右手持熨斗，熨斗尖对准缝份，左手将缝份分开，并向熨斗尖方向略推送；熨斗将分开的缝份"压"实，边分烫边"提"起熨斗前进，如图 3-62 所示。

要求：左手辅助熨烫，推送时前后要均匀一致；缩分烫完成后，缝口平服，不变形。

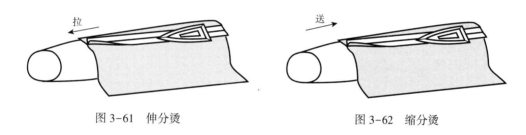

图 3-61　伸分烫　　　　　　　　　　图 3-62　缩分烫

(四) 压烫

压烫是服装止口处压实定型的熨烫方法。主要用于钩缝后的领、衣襟、底边、袖口等部位的定型。

如图 3-63 所示，取两块长方形布料，钩缝两边；修剪缝份并劈缝；翻正，盖水布，用重力"压"烫止口，停留时间可稍长，直至烫平、烫薄、烫干。操作时，为了防止止口变形，切忌熨斗沿止口用力"推"。

要求：折角方正，压烫平实；止口不反吐；布面整洁，无极光。

(五) 扣烫

扣烫是将裁片毛边扣净并压烫定型的熨烫方法。主要用于贴袋、袖口、底边等处的熨烫。常用的有平扣烫、缩扣烫。为保证熨烫质量，扣烫时一般都备有硬而薄的净样。

1. 平扣烫

取一条长方形布料，反面朝上铺在烫台上；左手沿纸板将布料毛边向上扣折约 1cm宽，右手持熨斗"压"住折转的缝份；左手边扣边向后退，右手边烫边跟进，如图 3-64

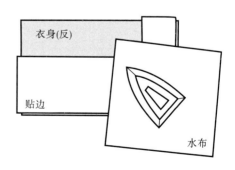

图 3-63　压烫

所示。抽掉纸板，将布料翻正，整个熨斗压住折边，加湿后用力烫实，切忌熨斗沿折边用力"推"。注意扣烫折边时要轻，最后翻正熨烫时要重；双手动作配合默契，尤其右手注意跟进。

要求：止口顺直、平服、不变形，折边宽度一致。

2. 缩扣烫

取一块圆形布料，反面朝上铺在烫台上；剪圆形硬纸模板，半径小于布料2cm；纸板与布料中心对齐，四周留出相等的缝份；从布料直丝一侧开始烫，左手折边，右手跟进，用熨斗的尖部"压"实折边，如图3-65所示。取出纸板，翻正布料，沿止口用力压烫，同时给蒸汽。注意整个过程中纸板不能移动，可以借助拱针缩缝缝份帮助定形。

要求：止口圆顺、平服、不变形，缝份无死褶。

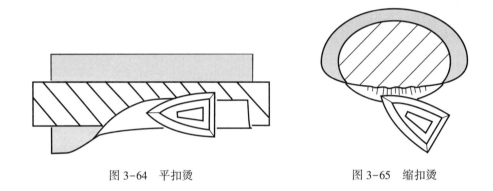

图 3-64　平扣烫　　　　　　　　　　图 3-65　缩扣烫

（六）归拔

归拔是通过收拢或拉伸使布料产生热塑变形的熨烫方法。归，指归拢，熨烫后布料局部缩短；拔，指拔长，熨烫后布料局部变长。归、拔熨烫的变形是有限的，变形程度与布料的材质、密度、松散度等特性有关，粗纺毛呢织物可归拔性好。

1. 归烫

左手归拢丝缕，右手沿弧线稍用力"推"移熨斗，需要缩短的部位在熨斗内侧，利用熨斗内外圈位移的差值，实现布料的变形，如图3-66所示。

要求：布料变形自然，曲面平服。

波纹状褶皱

变直变短

图 3-66　归烫

2. 拔烫

左手向前拉布料，右手持熨斗沿弧线用力"推"，需要拔长的部位在熨斗外侧，如

图 3-67 所示。

　　要求：布料变形自然，曲面平服。

图 3-67　拔烫

六、熨烫工艺实训

　　熟悉各种熨烫技法的正确操作。

　　要求：（1）分类操作，符合各自的熨烫要求。

　　　　　（2）烫过的布面无皱、无极光、无黄、无伤。

　　　　　（3）注意安全操作规程。

技术理论与专业技能——

课题名称： 装饰工艺基础

课题内容： 手缝装饰工艺基础

机缝装饰工艺基础

课题时间： 4 课时

教学目的： 装饰工艺是对服装的美化和丰富，通过该课程的学习，使学生在掌握基本手缝、机缝装饰针法的基础上，不断发现和挖掘新的装饰技法，从而达到培养学习兴趣、拓展专业课程学习的目的。

教学方式： 理论讲解、实物分析和操作示范相结合，根据教材内容及学生具体情况灵活制订训练内容，加强基本理论和基本技能的教学，重视课后训练并安排必要的练习作业。

教学要求： 1. 掌握常用手缝装饰技法。

2. 掌握不同种类的机缝装饰技法。

3. 能够合理组合应用各种装饰技法。

4. 能够运用装饰技法独立设计布艺作品。

第四章　装饰工艺基础

　　装饰工艺是指用布、线、针及其他有关材料和工具，通过扳、盘、绣、编、镶、嵌、绲、宕等手工技法形成装饰，与服装造型相结合，以达到美化服装的目的。新颖的装饰材料不断出现，使装饰工艺更加丰富，表现更加完美。

　　在现代服装工艺中，装饰工艺也是必不可少的，本章介绍手缝装饰工艺和机缝装饰工艺。

第一节　手缝装饰工艺基础

课前准备

1. 材料准备

（1）白坯布：练习用布，幅宽 160cm，长度 40cm。

（2）单色中厚棉布：实训作业用布，颜色自选，大小根据本人设计需要确定。

（3）绣花线：各色绣花线适量。

（4）编结绳：专用编结绳适量。

2. 工具准备

备齐手缝常用工具。

手缝装饰工艺是具有民族特色的传统工艺，常用的有绣、挑、盘、扳、编等手法。

一、绣

　　我国的刺绣工艺不仅有悠久的历史和优良的传统，而且分布广泛，有被誉为四大名绣的苏绣、湘绣、粤绣、蜀绣，以及闻名遐迩的瓯绣、鲁绣、汴绣等，还有极富少数民族特色的刺绣。虽然各种流派风格各异，但制作方法基本相同，下面介绍几种基本装饰针法。

（一）平针

　　平针是一种常用的、简单的针法，也是刺绣的基本针法。即一针上，一针下，进针、出针均与布面垂直。要求带线时松紧一致，针迹整齐，线迹排列均匀，密而不叠，平针排列可以组成各种图案，如图 4-1 所示。

（二）回针

　　回针需要前进、后退相结合运针。此针法的每一针都是采用从左向右的倒回针，如图 4-2 所示。运针时如果退一针、进半针，即为柳针。针法要求两线排列紧密，线迹按纹样变化转折，充分表现出线条的变化。

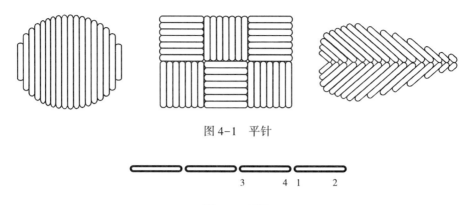

图 4-1　平针

图 4-2　回针

图中数字为入针、出针顺序，奇数为出针，偶数为入针。

同时还可变化形成多种图案，如图 4-3 所示。

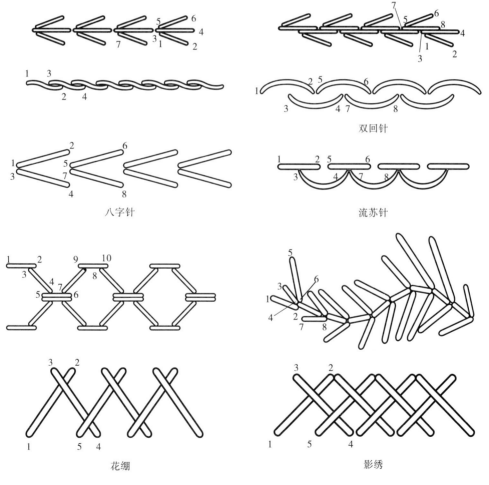

双回针

八字针　　　　　　　　流苏针

花绷　　　　　　　　　影绣

图 4-3　回针应用

图中数字为入针、出针顺序，奇数为出针，偶数为入针。

（三）套针

套针即第三章"手缝工艺基础"中的杨树花针，还可以变化形成其他针法，如图 4-4 所示。

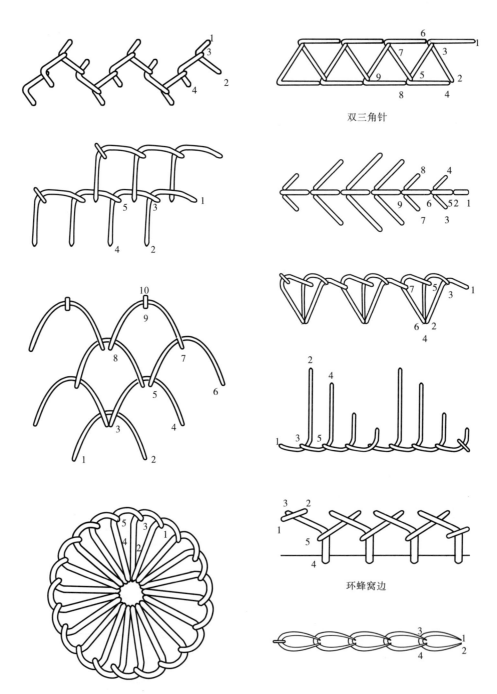

双三角针

环蜂窝边

图 4-4 套针

图中数字为入针、出针顺序，奇数为出针，偶数为入针。

（四）绕针

绕针可分为链形针、打籽针和节子针。

1. 链形针

链形针又称拉链绣。起针将线引出布面，在针后部绕一圈，形成线套，绕后用左手拇指按住线套，紧挨出针位置下针，向前一针出针，完成一个链针，如图4-5所示。制作时要求链状均匀，整齐美观，线不宜过紧。

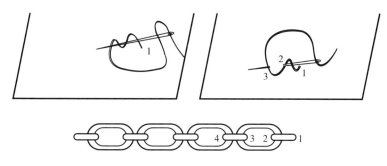

图4-5　链形针

图中数字为入针、出针顺序，奇数为出针，偶数为入针。

2. 打籽针

打籽针又称圆子针，多用于花蕊。出针后，将线在针上绕2~3圈，紧挨出针处入针，形成小圆粒状线迹，如图4-6所示。制作时要求圆粒大小适中。

3. 节子针

节子针又称缠针。线在针上绕数圈后，拔针抽线，然后进行打结，可组成各种花型、图案，如图4-7所示。

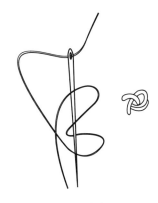

图4-6　打籽针

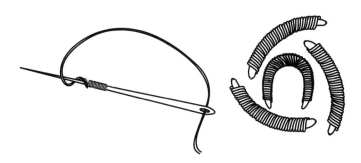

图4-7　节子针

二、挑花

挑花工艺在民间流传广泛，其针法简单易学，效果变化无穷，所用材料要求不高。挑花工艺针迹短，排列紧凑、耐磨、耐洗，挑花大多装饰于袖口、领外口、挂袋、手帕等生活用品上。挑花图案也来源于生活，构图严谨，多为对称、平稳的形式，简练而夸张。除了主题图案外，还常以几何图案作为陪衬。用线色彩对比强烈，极富特色。常见的有十字挑、一字挑、套针挑等。以下着重介绍十字挑花。

（一）十字挑花用料

挑花适宜在厚实的棉土布上挑绣，也可选用平纹织物，如夏布、亚麻布、十字布、网眼布等。挑花用线可选丝绣线、棉绣线或细绒线，另外，还需根据线的粗细选用手针。

（二）十字挑花针法要领

1. 进针、出针的方向基本在一条垂直线上，行针方向为水平线，如图 4-8 所示。

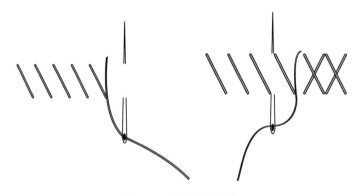

图 4-8　十字挑花针法

2. 线迹组合要注意交叉方向的一致，交叉线迹呈 90°角，反面线迹呈垂直、水平状排列，如图 4-9 所示。

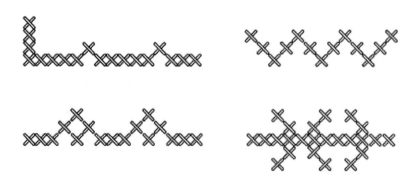

图 4-9　十字挑花应用

三、扳网

扳网也称缩褶、打缆。首先要在面料上有规则地行针，且将绗线抽紧，使面料形成有规则的细褶，在褶的折边部位用线进行有规则地编缝，形成各种网状图案。这种工艺不仅具有很强的装饰性，而且能产生松紧变化，从而使服装造型也产生一定变化，既美观又舒适，多用于生活中的女装和童装的局部装饰，如腰部、袖口等处。

（一）扳网工艺用料

在日常生活中，最好选用薄型、浅色或素色的织物，如细棉布、府绸、涤棉织物等。因要经过缩褶，所以必须计算好用料，可以通过试缝算出，也可以直接按比例确定，如取 30cm 长的布条，试缝抽缩至要求状态，量取其长度为 12cm，则抽缩比例为 $12:30=2:5$，即完成状态需长 2cm，用料就需 5cm，根据完成后需要的长度算得用料长；另一种方法是直接确定比例 $1:2$ 或 $1:3$ 等，根据需要长度计算用料长，则省去了试缝，但在该比例情况下，褶的效果是不好预见的，通常有一定经验才能把握得更好。

扳网用线一般是各色棉绣花线。第一行绗缝抽缩线，多用结实的涤纶线，再根据线的粗细选用合适的手针。

（二）扳网工艺步骤

1. 绗缝

用涤纶双股线穿针，形成四股线后打结。在距布料上口 1.5cm 处画线，以下每隔 2cm 画一条线，平行排列，沿第一道画线自右向左拱针，针距为 0.3～0.4cm，然后将布料抽紧至所需长度，将两端线打死结，保证长度不再改变。可将缩好褶的布料固定在桌边或桌面上，准备编缝。

2. 编缝

根据选用的编缝针法，一般为自左向右行针，完成一行即打结收尾，下一行仍要自左向右行针。不同的编缝针法及图案如图 4-10 所示。

四、盘扣

盘扣是我国服装行业的传统工艺，有着悠久的历史和鲜明的民族风格，是旗袍等中式服装上的必要附件，也是女装的装饰品。下面介绍葡萄扣的工艺。

（一）做纽条

纽条有下列两种做法。

1. 缲缝式纽条

将宽 2cm 左右的正斜布条向反面各折转 0.5cm 左右，边折边缲缝，要求针迹细密、工整，用薄料制作时中间可衬几根棉线。

2. 机器钩缝式纽条

将宽 1.8cm 的正斜纱向布条正面相叠，缝份为 0.4cm 沿边缉线，然后翻至正面形成纽条（借助长针）。有时为使盘扣便于造型，纽条中还可包入细铜丝。

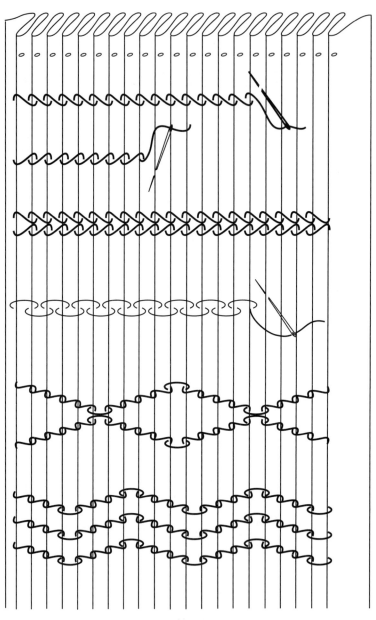

(a)

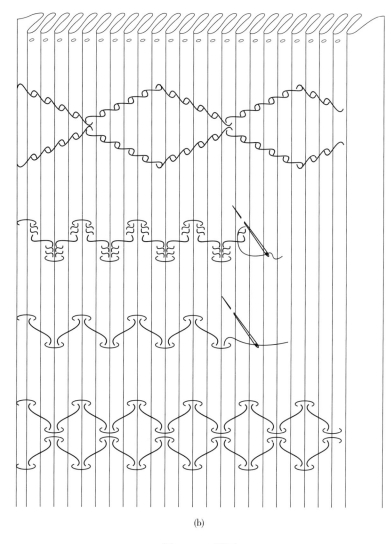

(b)

图 4-10　扳网

（二）盘扣珠

　　盘扣的扣珠成型后类似葡萄状，其具体制作步骤与方法如图 4-11 所示。制作时要求扣珠坚硬、匀称，可借助镊子逐步盘紧，纽条的缝口应盘在下面。

（三）盘花

　　扣珠与扣门的尾端可以盘出各种图案，使盘扣具有很强的装饰性。常见的有模仿动物形状的，如凤凰扣、蝴蝶扣；有模仿花型的，如菊花扣、兰花扣；有模仿其他用品的，如琵琶扣、如意扣、双耳扣等，如图 4-12 所示。

（四）缝扣

　　盘好的扣珠与扣门要分别缝在衣服的门襟与里襟上。缝扣时，从一侧的头部开始，细密缝钉，纽脚尾部折叠整齐缝牢。要求缝线整齐，疏密一致，缝钉牢固。

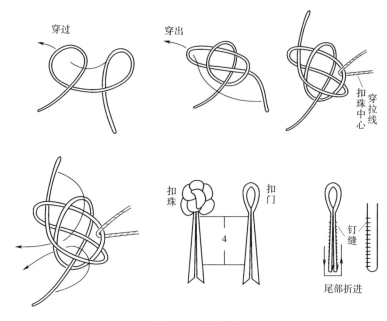

图 4-11 盘扣珠

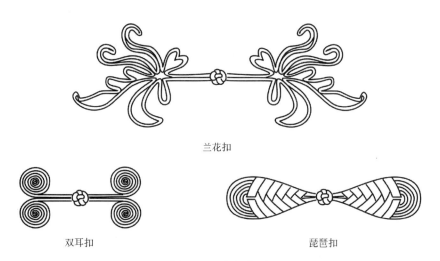

兰花扣

双耳扣   琵琶扣

图 4-12 盘扣花型

五、编结

  编结也是深受人们青睐的一种手工装饰工艺，它以其特有的立体效果及丰富的图案装点着人们的生活。

（一）编结用材料

  编结用料可选用均匀、坚固的棉、麻、毛、丝或化纤类线绳，粗细均可。不需特制的专用工具，只要固定绳子的大头钉或大头针即可。

（二）编结的基本技法

1. 打结

准备一条固定绳，固定在桌边或墙面上。常用的打结方式有以下三种：

（1）活扣结：如图4-13所示。

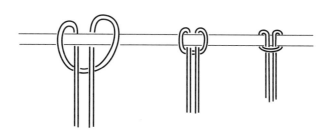

图4-13　活扣结

（2）双环扣结：如图4-14所示。

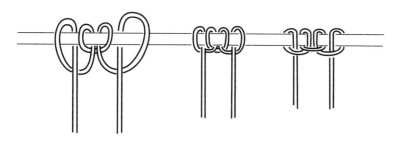

图4-14　双环扣结

（3）卷式扣结：如图4-15所示，这种结可做流苏穗，扣结不易散开。

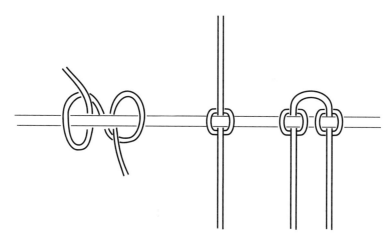

图4-15　卷式扣结

2. **旋转式平结**

起头打"卷式扣结"。以四条垂线为一组，中间两条线为芯柱，两侧的垂线相互编穿。左（右）侧线始终压在芯柱表面，连续进行即形成右（左）旋转式平结，如图 4-16 所示。

3. **左右平结**

左右平结的编法同基础工艺—手缝工艺—线襻—双花襻。与旋转式平结的不同之处是压在表面的是同一条垂线，即左侧垂线压在上面编到右侧后，下一次穿编时这条垂线从右侧压回左侧，连续穿编，简单说即左压右、右压左、左压右循环而成，如图 4-17 所示。

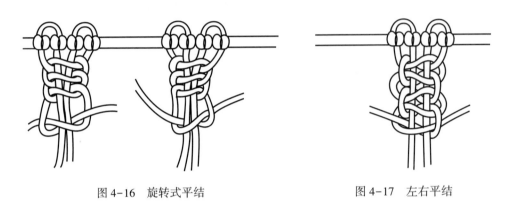

图 4-16　旋转式平结　　　　　　　图 4-17　左右平结

4. **七宝结**

七宝结的基本编结方法就是左右平结，每行编结时进行交错，形成图案，如图 4-18 所示。

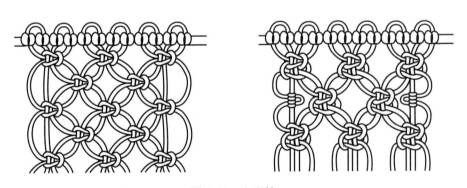

图 4-18　七宝结

5. **双回结**

每两根绳组成一个双回图案，如图 4-19 所示。

6. **卷结**

卷结的基本编结方法同卷式扣结法。用卷式扣结起头；以左端垂线为芯线，其余垂线都卷绕于其上，每条垂线绕两次；芯线走向不同，其效果不同，芯线为 45° 斜向时为斜卷结，芯线呈现纵向时为纵卷结，芯线为横向时则为横卷结，如图 4-20 所示。

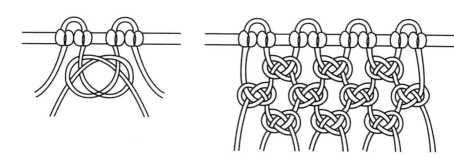

图 4-19　双回结

六、练习与作业

1. 练习所讲的手工装饰针法
2. 设计一件由手工装饰针法完成的饰品
要求：（1）包括所学各种针法。
　　　　（2）针法正确，符合工艺要求。
　　　　（3）设计主题明确，有创意。
　　　　（4）针法编排合理，图案美观。
3. 编结一件小饰品
要求：（1）包括所学编结技法。
　　　　（2）设计主题明确，有创意。
　　　　（3）针法编排合理，图案美观。

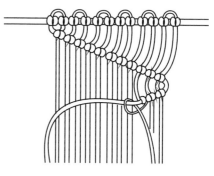

图 4-20　卷结

第二节　机缝装饰工艺基础

课前准备

1. 材料准备

（1）白坯布：练习用布，幅宽 160cm，长度 50cm。

（2）缝线：大卷缝纫线一个（颜色自选）。

2. 工具准备

备齐常用手缝与机缝工具。

机缝装饰工艺包括缉线、缉褶以及传统的滚、嵌、镶、宕等工艺，下面分别进行介绍。

一、缉线工艺

缉线工艺是在服装某些部位或部件表面缉明线，以表面线迹作为装饰，常见的有下列三种形式。

（一）缉止口

缉止口也称压止口，是在部件（位）边缘等距离缉明线，既有装饰效果，又增强了牢度，即机缝工艺中钩压缝的压缝，多用于领、袋、腰头、门襟等处，如图4-21所示。操作时，要求止口平薄，无坐势，止口外领面倒吐均匀；缉线宽度一致、圆顺，线迹均匀、美观；缝口处无绞拧，配线适当。

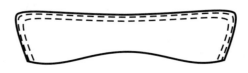

图4-21　缉止口

（二）缉拼接缝口

缉拼接缝口是在拼接缝两侧缉明线，根据缝份倒向的不同，又可分为坐缉缝（倒缝份）、分缉缝（劈缝份），参见第三章第二节"机缝针法"中的"平缝"。缉线工艺被广泛应用于衣片、裤片的缝合部位，其要求同缉止口。

（三）缉图案

缉图案也称为"绗缝"，常用于有絮填料的服装，如羽绒服、棉衣等。图案根据需要设计，在固定絮填料的同时，具有很强的装饰性。

二、缉细褶工艺

缉细褶是在女装或童装的局部缉有规律的细褶作为装饰，使之更具立体感。

（一）直线细褶

如图4-22所示，裁剪时需留出褶量并画出褶位，缉线时，沿线缉一定宽度（0.2cm），褶间距约1cm，完成后将褶朝同一方向熨倒。

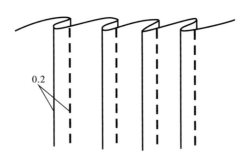

图4-22　直线细褶

（二）十字细褶

直线细褶完成后，再沿垂直方向缉横向褶，使褶型呈方格状效果，如图4-23所示。缉横褶时，每次将竖褶都倒向同一方向，形成网格效果，如图4-23中（a）的效果；缉横褶时下一行与上一行将竖褶反向，则形成波纹效果，如图4-23中（b）的效果。

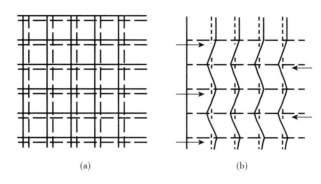

图4-23 十字细褶

（三）衬线细褶

衬线细褶是在两条缉线中间穿入衬线的工艺，使之更具立体感，完成时需用单边压脚或者衬线压脚。衬线细褶可分为单做式和夹做式两种。

1. 单做式

单做式是根据穿线的粗细确定褶量，画出褶位，将衬线夹在褶中缉线，顺势固定两端，如图4-24（a）所示。

2. 夹做式

夹做式是将衬线夹在两层面料中间，表层面料需根据衬线的粗细加放出褶量，如图4-24（b）所示。

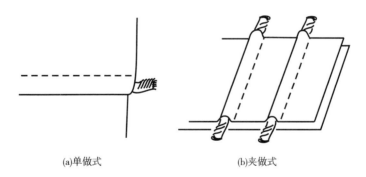

(a)单做式   (b)夹做式

图4-24 衬线细褶

三、滚边工艺

滚边工艺是指用一条布料将衣片毛边包光，该布条同时作为装饰的一种缝制工艺。包边布条称为滚条，一般取正斜纱向，其伸缩性最大，易于弯曲扭转，制作方便，效果好。

（一）裁滚条

如图4-25（a）、（b）所示，单条裁制，用45°正斜绸料裁制，拼缝时注意斜角相拼，两边对齐。正方形滚条布沿对角线剪开后，直角边拼缝，可使滚条拼长，如

图 4-25（c）所示。将滚条布拼缝成筒状开剪，可使滚条变长，如图 4-25（d）所示。滚条宽度应为 4 倍的表面宽度，但要注意因斜料易变形拉长而变窄，裁条时应适当加宽。

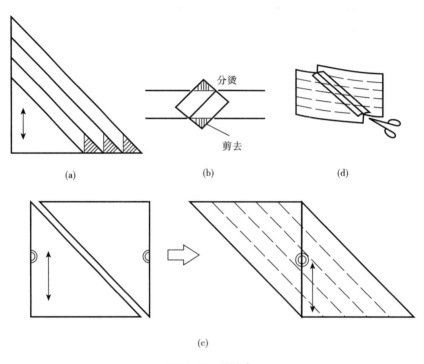

图 4-25　裁滚条

（二）缝滚条

缝滚条工艺如图 4-26 所示。缉缝滚条的方式包括滚边反面缲缝式、滚边正面缉明线式和滚边正面漏落缝式。如果滚边部位为弧线，两次缝线时都应注意，若为凸弧形，略吃进滚条；若为凹弧形，略吃进衣片。

四、嵌线条工艺

嵌线条是指在部件的边缘或拼接缝的中间嵌上一道带状的嵌线条布，起到装饰作用。嵌线条宽一般为双折后 1.2cm 左右，嵌线条布宜选用正斜纱向的布条。要求宽度一致，缉线整齐美观。

（一）暗缝式

暗缝式装嵌线条工艺如图 4-27（a）所示。将两裁片正面相叠，嵌线条夹在中间缉线，翻正烫倒缝，注意不要压到嵌线条双折处。

（二）明缝式

明缝式装嵌线条工艺如图 4-27（b）所示。将嵌线条夹在两层裁片之间，正面缉线宽 0.1cm。缝制时需用单压脚，嵌线条中可夹入线绳，使之更具立体感。

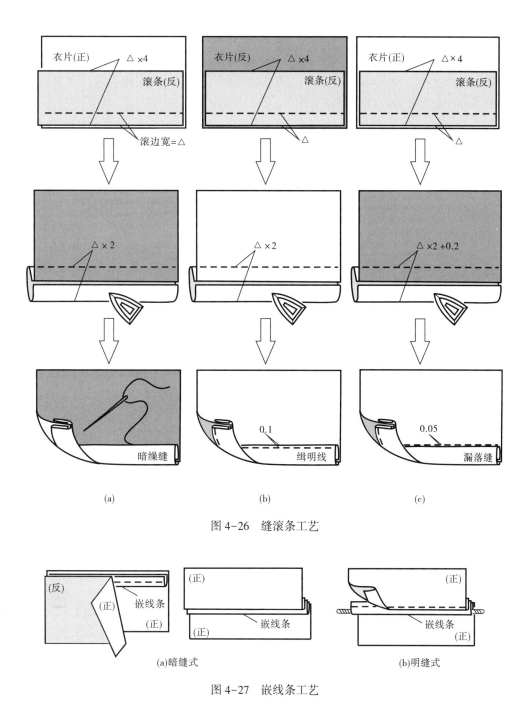

图4-26 缝滚条工艺

图4-27 嵌线条工艺

五、镶边工艺

镶边是指用另一种面料镶缝在衣片的边缘，常用于女装或童装的领口、袖口、门襟等处。镶边宽度一般不超过7cm，分为暗镶和明镶两种。

(一) 暗镶

暗镶多用于直线形或弧度较小的弧线形镶边。镶料与衣片正面相叠，沿边缉线，翻正烫平，如图 4-28（a）所示。

（二）明镶

明镶是多用于复杂轮廓的镶边。将镶料边缘扣净，直接在衣片上进行压缉缝，止口为 0.1cm，如图 4-28（b）所示。

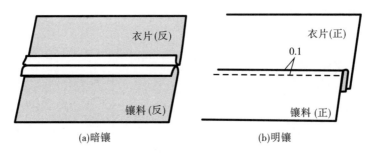

(a)暗镶 　　　　(b)明镶

图 4-28　镶边工艺

（三）工艺要求

1. 使用纱向正确，反面粘衬（纱向应与衣片纱向一致或取斜纱向）。

2. 拼缝平整。

3. 镶边柔中有挺。

六、宕条工艺

宕条是指用另一种面料缝贴在距止口一定距离处的工艺，起装饰作用。根据部位不同，宕条可采用斜料或直料，常见的形式有暗宕、明宕、单宕、双宕、三宕，也有与滚条配合使用的，一滚一宕、一滚双宕等多种。

（一）暗宕式

暗宕式是指缝好的宕条表面无线迹，如图 4-29（a）所示。

（二）明宕式

明宕式需要先将宕条两侧毛边扣净，缉线固定在衣片上，线迹距宕条止口 0.1cm，如图 4-29（b）所示。

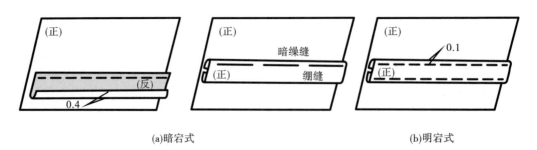

(a)暗宕式 　　　　(b)明宕式

图 4-29　宕条工艺

七、思考与实训

1. 练习所讲的机缝装饰工艺方法

2. 自主设计一件布艺品，并独立编写设计说明

要求：（1）设计主题明确，有创意。

（2）至少包括四种机缝装饰工艺。

（3）各种工艺方法正确，使用合理，成品整体效果好。

实践训练与技术理论——

课题名称： 裙装工艺

课题内容： 裙装部件、部位工艺的设计与制作

直身裙缝制工艺

低腰育克裙缝制工艺

连衣裙缝制工艺

课题时间： 20 课时

教学目的： 通过该课程的教学，使学生系统地掌握不同裙装的缝制工艺、质量要求。通过从理论教学到自己动手制作的基本训练，使学生更深入理解专业课程，同时为服装专业相关课程的学习奠定扎实的基础。

教学方式： 理论讲授、展示讲解和实践操作相结合，同时根据教材内容及学生具体情况灵活制订训练内容，加强基本理论和基本技能的教学，加强课后训练并安排必要的作业辅导。

教学要求： 1. 掌握重要款式的部件工艺设计及制作方法。

2. 了解不同款式裙装面料的选购方法。

3. 掌握裙装样板的放缝要点、排料方法。

4. 掌握不同款式裙装的缝制流程和技术。

5. 掌握裙装的缝制工艺质量标准。

6. 了解裙装缝制新工艺、新技术。

第五章　裙装工艺

裙在女性的服装历史中是最早的，一般穿裙不受年龄的限制。从年幼的女孩到成熟的淑女，以及端庄稳重的中老年妇女，款式各异的裙装展示出不同年龄女性的特有韵味。裙装是女性服饰中最具有特色和活力的一大品种。

裙装随着时代的社会背景和生活方式的变化而变化。裙装各式各样，根据腰围部位形态可分为低腰裙、无腰裙、装腰裙、高腰裙、连腰裙和连衣裙；根据裙长可分为迷你裙、短裙、膝长裙、中长裙、长裙和超长裙；根据廓型可以分为直筒裙、A型裙、圆摆裙；裙装中还可以加入褶裥和分割线等，由此可以形成不同造型的裙装。

裙装款型变化突出，表现形式多样，制作工艺也有所差异，现以人们最常穿着的典型款式（直身裙、低腰育克裙、连衣裙、旗袍）来介绍裙装的缝制工艺。

第一节　裙装部件、部位工艺的设计与制作

课前准备

1. 材料准备

（1）白坯布：部件练习用布，幅宽160cm，长度100cm。

（2）拉链：需要约20cm长的普通拉链两条、隐形拉链一条，要求与面料顺色。

（3）缝线：准备与面料颜色及材质相匹配的缝线。

（4）非织造黏合衬：幅宽90cm，用量约为25cm。

2. 工具准备

备齐制图常用工具与制作常用工具，单边压脚、隐形拉链压脚、相关模板，调整好缝纫机针距、面线底线张力等。

3. 知识准备

复习基础工艺部分。

裙装相关的部件与部位工艺包括省道工艺、底边及开衩工艺、门襟工艺、腰头工艺、连衣裙领口工艺等。

一、省道工艺

省道具有使布料由平面到立体的作用，适用于合体服装或局部合体的服装，一般都作为缝制成衣的首要工序。通常，省道在反面缝合，大多正面只有缝口而无线迹，也有的款式要求正面缉线。省道的形式较多，根据工艺特征可以分为完全缝合、局部缝合两类，见表5-1。

表 5-1 省道设计

类别	设计说明	设计实例	工艺分析
完全缝合	省边形状可以是直线、折线或弧线	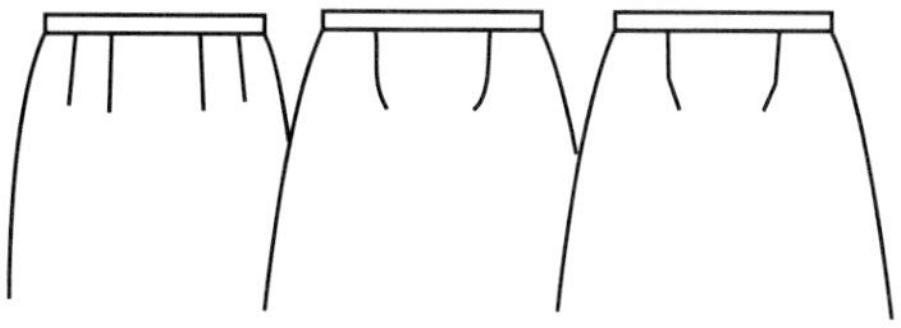	按照省边形状缝合省道
	连衣裙常用菱形腰省、曲线腰省		按照省边形状缝合省道
	两条省边不等长设计	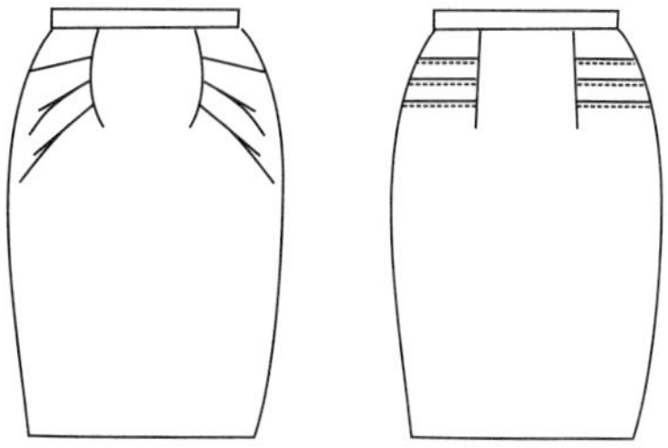	较长的省边先抽缩或者折叠，使两边等长后按省边形状缝合
局部缝合	一端或两端收平的开花省，多用于女装、童装上衣，有一定的装饰作用	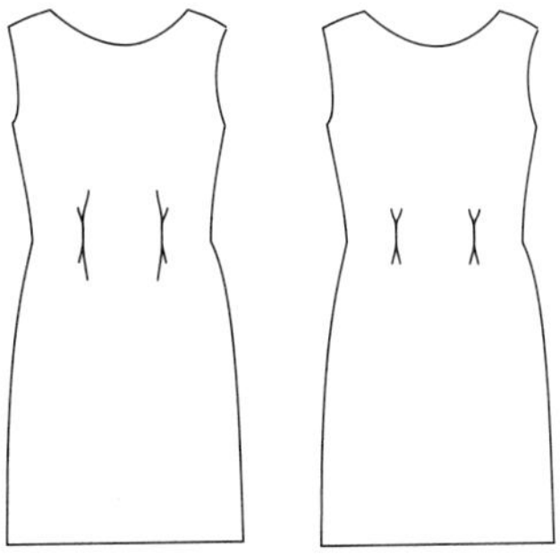	根据款式缝合省量最大的区域

（一）三角省工艺

三角省是裙装常用省道，外观呈直线状缝口，平面结构是两边对称的直线形省道，也称为锥形省。

1. 三角省的工艺流程

三角省的工艺流程如图 5-1 所示。

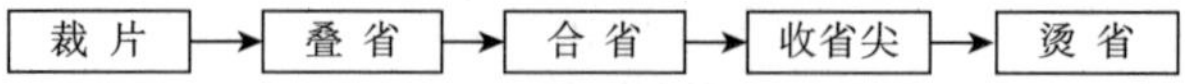

裁 片 → 叠 省 → 合 省 → 收省尖 → 烫 省

图 5-1 三角省工艺流程

2. 三角省的缝制工艺

三角省的相关裁片如图5-2（a）所示，具体缝制步骤如下：

（1）叠省：沿省中线折叠裙片，理顺省道。

（2）合省：从省口处起针，倒回针，沿省边线缝合。要求省口牢固，线迹顺直。

（3）收省尖：距省尖3cm左右时，缝线向省中线靠拢，并最终相切，缝至省尖不能倒回针，留出的线头用手打结后修剪至0.5cm，如图5-2（b）所示。要求省尖细而尖。

（4）烫省：如图5-2（c）所示，在省缝下垫一纸板，将省缝倒向一侧，熨斗压实、烫平，通常横向省缝倒向上方，纵向省缝倒向中心线；省尖处需要垫上布馒头从正面烫圆润。要求熨烫平服，省尖处无泡形，正面无坐势，不露线迹。

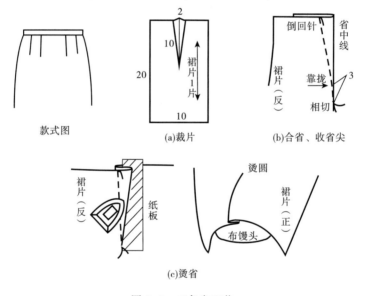

款式图　　(a)裁片　　(b)合省、收省尖

(c)烫省

图 5-2 三角省工艺

（二）菱形省

菱形省是连衣裙常用省道，单层收省工艺和全挂里工艺对省缝的处理不同。单做时，和锥形省工艺基本相同，省缝倒向一侧。全挂里工艺收省时，省缝可以实现缝口两侧厚度对称的效果。

1. 垫布式收省工艺

对于易脱丝面料，收省时需要与同一面料的垫布一起缝合，工艺流程如图5-3所示。

图 5-3 垫布式收省工艺流程

垫布式收省工艺的相关裁片如图5-4（a）所示，具体制作方法如下：

（1）叠省：沿省中线折叠衣片，理顺省道。

（2）合省：取垫布平铺在省缝下方居中位置，再缝合省道，注意起落针倒回针，如图5-4（b）所示。

（3）烫省：在省缝最宽处横向打剪口，将省缝与垫布分别向两侧烫倒。

（4）修剪垫布：将两层垫布分别剪成省缝的形状。

完成后要求线迹顺直，两端省尖细而尖；熨烫平服，省尖处无泡，正面无坐势，不露线迹。

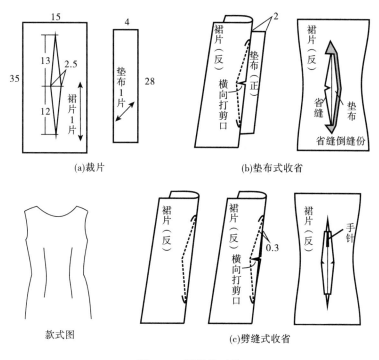

(a)裁片   (b)垫布式收省

款式图   (c)劈缝式收省

图5-4　菱形省工艺

2. 劈缝式收省工艺

对于不易脱丝的厚料，收省后可以将省缝劈开，制作方法如图5-4（c）所示。

（1）合省：沿省中线叠合省道，然后沿省边线缝合，注意起落针倒回针。

（2）剪省缝：沿中线将省缝剪开至省缝约0.3cm处，并在省缝最宽处横向打剪口。

（3）烫省：将省缝劈开烫实，省尖处可插入手针帮助分开缝份，然后压烫。

（三）开花省

开花省是只缝合省量最大区域，止缝处形成类似褶的效果，其相关裁片如图5-5（a）所示。缝制方法有以下两种。

1. 倒缝式工艺

（1）合省：如图5-5（b）所示，缝合省道中区，起落针倒回针。

（2）烫省：将缝合的省缝倒向一侧烫实，正面呈现单向褶的效果。

2. 劈缝式工艺

（1）合省：如图5-5（c）所示缝合省道，起落针倒回针。

（2）烫省：将省中线与缝口相对，省缝居中压烫，正面呈现暗裥的效果。

收省要求线迹顺直，熨烫平服，正面效果美观。

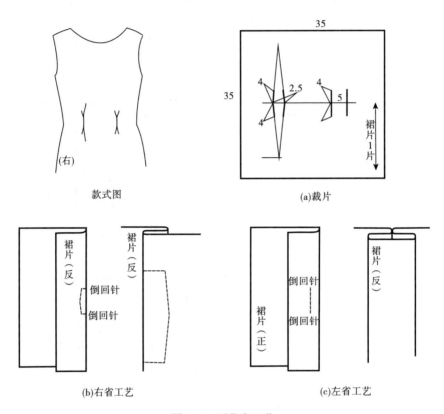

图5-5 开花省工艺

（四）工艺拓展

如图5-6所示，立体状态下，省道外观呈直线、弧线或者折线；平面状态下，直线省两省边对称，弧线省与折线省的两省边不对称，两条省边长度相等、形状互补，无法沿省中线叠合，需要将省缝先剪开再缝合，缝合时需要边缝边对位，难度较大。

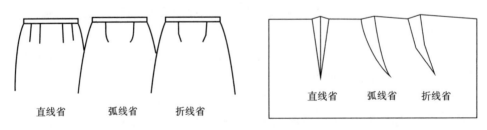

图5-6 不同形状的省

二、底边工艺

底边位于裙装的最底端，是下端的边缘部分，可根据裙装造型设计成不同的样式，按照工艺特征可以分为明缝、暗缝两类，见表 5-2。

表 5-2 底边设计

类别	设计说明	设计实例	工艺分析
明缝	底边常见形状有直线形、圆弧形；有单层、多层，还可以加花边等装饰	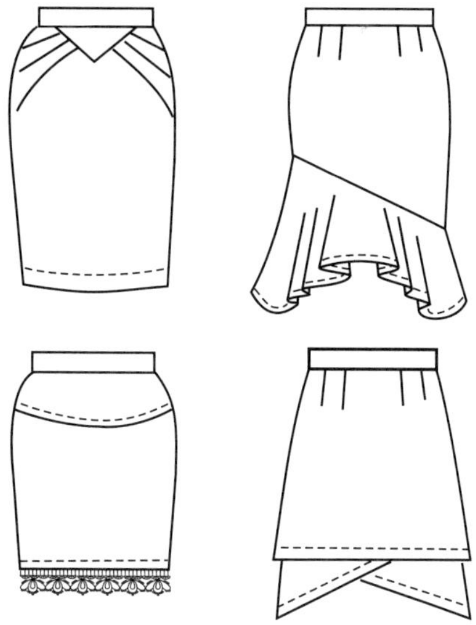	连贴边，一般采用折边或卷边工艺；花边和多层底边可以缉明线接缝在底边上
	底边设计成不规则形状或加上开衩	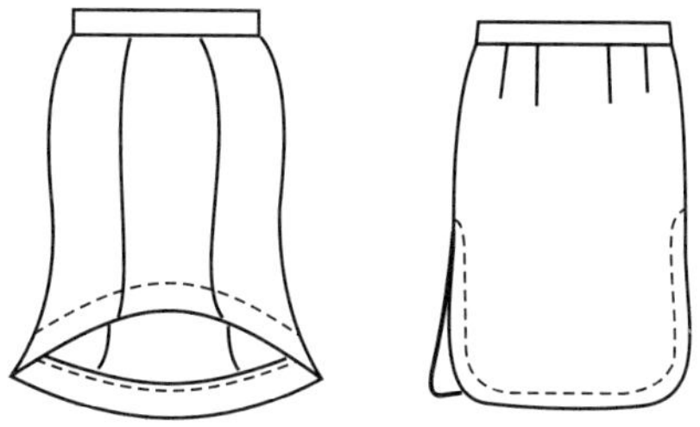	需要另裁底边贴边，钩压缝装贴边
	底边设计为宽边	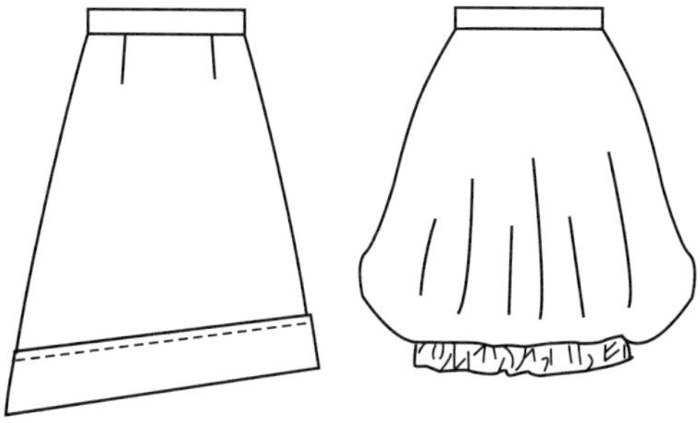	底边为宽包边，骑缝工艺

续表

类别	设计说明	设计实例	工艺分析
暗缝	裙子为单层或有里子，款式要求底边无明缝线迹		反面手缝或者缲边机固定底边贴边

底边的处理方法因款式、底边轮廓、面料的质地、厚薄不同而不同，以下是几种常用的裙底边处理方法。

（一）明缝工艺

日常穿着的裙装，为了做净并固定底边，大多正面有线迹，称为明缝工艺。

1. 连贴边的底边

连贴边的底边，贴边宽度由正面线迹与底边的间距决定。中等厚度的非透明面料，一般采用折边缝；薄的透明面料，采用卷边缝。对于弧度较大的圆底边，不适合折净毛边缉缝，需要先将底边毛边锁边处理，扣折一次并沿上口缉线，如图5-7（a）所示。为避免出现链形，可以先沿底边边缘用大针脚车缝一道，进行抽缩处理。

2. 另装贴边的底边

另装的贴边与裙身底边一般采用钩压缝连接，具体处理方法参见"三、裙开衩工艺"。

3. 底边——宽边

底边为双层设计，与裙身连接时采用骑缝，具体处理方法参见"五、腰头工艺"。

（二）暗缝工艺

比较正式的裙装，如西服裙，底边正面没有线迹，需要采用暗缝工艺。可以缲边机缝合或者手缝固定底边贴边，下面介绍手缝固定方法。

1. 单做底边

先将底边毛边锁边，然后沿净线折转熨烫，用手针缝合固定，如图5-7（b）所示。手缝针法可以用缲针、缲针、三角针等，裙身正面效果基本相同。

2. 有里布的底边

裙面底边用以上方法处理，里布底边折边缝处理。里布与面布不能缝合在一起，需要在侧缝处采用拉线襻的方法加以固定，如图5-7（c）所示。

所有底边完成后要求平服，不起绺；贴边宽度一致，止口均匀；线迹顺直、美观（正面为底线线迹）。

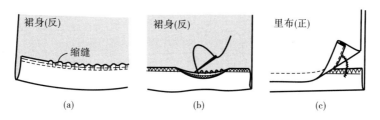

图 5-7 底边的固定方法

三、裙开衩工艺

开衩在裙装中应用非常广泛，当裙底边围度不足而影响人体正常活动时，就会加入开衩的设计。裙装中的开衩款式多样，既有功能性，又有装饰性，具体设计见表 5-3。

表 5-3 裙开衩的设计

类别	设计说明	设计实例	工艺分析
对合式	开衩形状有方角、圆角，方角的可以连裁贴边，圆角的需要另裁贴边		连贴边的折边缝固定开衩，另装贴边的钩缝止口后，可以缉明线固定贴边，也可以手针暗缝固定
	开衩可以设在后中、两侧、前中、前侧等位置。前侧开衩便于向前迈步		裙开衩的位置对工艺的影响不大
	开衩的部位可以用镶边、滚边装饰		骑缝滚边；镶边需要先拼接，再与贴边（或里布）钩缝止口

类别	设计说明	设计实例	工艺分析
重叠式	重叠式开衩保型性更好，形状、位置、重叠多少都可以设计		开衩可以采用折角或者拼角工艺，全挂里工艺相对复杂

（一）对合开衩

对合开衩是指静态时两侧刚好拼合的开衩，裙身分割线只缝合一部分，下段不缝，顺势留出开衩。开衩形状不同，具体工艺也不同，下面介绍两种常见开衩的工艺。

1. 方角开衩

方角开衩相关裁片如图 5-8（a）所示，制作过程如下：

（1）锁边：将裙片侧缝开衩贴边以上的部分（缝份为 1cm 的区域）锁边。

（2）合侧缝：缝合裙片侧缝至开衩止点，倒回针固定。

（3）做开衩：折边缝固定底边贴边和开衩贴边，如图 5-8（b）所示，完成效果如图 5-8（c）所示。

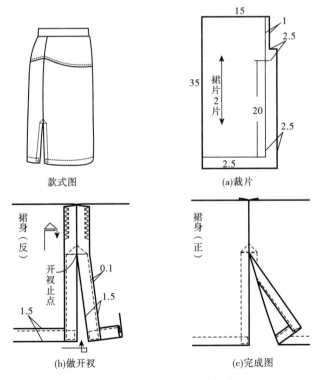

图 5-8　方角开衩的制作方法

2. 圆角开衩

圆角开衩工艺适用于比较厚的面料或者衩角弧线曲度较大的情况，工艺流程如图 5-9 所示。

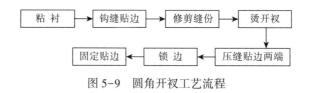

图 5-9　圆角开衩工艺流程

圆角开衩的相关裁片如图 5-10（a）所示，具体制作方法如下：

（1）贴边粘衬：贴边反面全粘非织造黏合衬。

（2）钩缝贴边：将贴边两端折进 1cm，和裙身正面相对，沿净线以外 0.1cm 缝合，注意两端倒回针，如图 5-10（b）所示。

（3）修剪缝份：修剪裙片多余缝份，留 0.7cm 即可，如图 5-10（c）所示。

（4）烫开衩：将缝份劈开（可以保证止口圆顺且无坐势），贴边翻正熨平，注意贴边区域不能反吐。

（5）固定贴边：贴边两端压缝在缝份上，最后将贴边内口及裙片缝份一并锁边，手针暗缝固定，如图 5-10（d）所示。

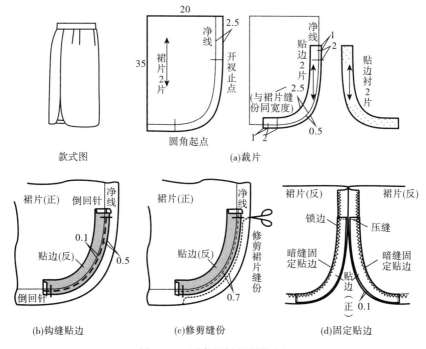

图 5-10　圆角开衩的制作方法

（二）重叠开衩

重叠开衩是指静态时两侧互相搭合的开衩，外观上看还是一条完整的分割线，重叠部分由里面一侧裙身加出。重叠开衩保型性好，紧身裙一般采用这种开衩，位置大多设在后中。下面分别介绍其单做和全挂里工艺。

1. 重叠开衩的单做工艺

单做工艺要求反面不留毛边，裁片需要提前锁边或者滚条包边。单做重叠式开衩的工艺流程如图 5-11 所示。

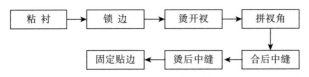

图 5-11　单做重叠式开衩的工艺流程

单做重叠式开衩的相关裁片如图 5-12（a）所示，具体缝制步骤如下：

（1）粘衬：在裙片开衩区域粘非织造黏合衬，一是为防止衩口变形，二是加强开衩上端牢度，三是防止打剪口时脱丝。

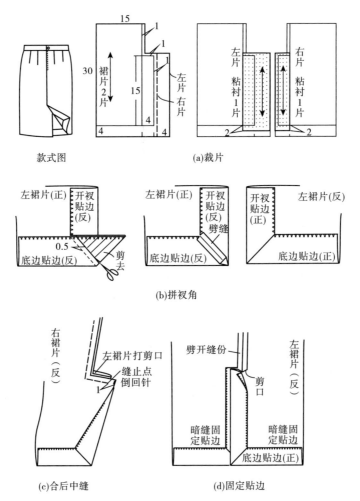

图 5-12　单做裙开衩工艺

（2）锁边：裙片除腰口外都需要锁边。

（3）拼衩角：左、右裙片分别做衩角。如图5-12（b）所示，按照标记分别折转底边贴边、开衩贴边，并压烫；贴边重叠区域分别留出0.5cm缝份后剪去多余部分，沿净线拼缝衩角，劈开缝份；翻正衩角，压烫止口。

（4）合后中缝：从拉链止口处起针、倒回针，缝合后中缝，顺缉开衩上端，如图5-12（c）所示。

（5）烫后中缝：左裙片开衩上端转折处打剪口，剪至距离缉线0.1~0.2cm处，分烫中缝，要求正面中缝顺直。

（6）固定贴边：手工三角针或缲针暗缝固定贴边，如图5-12（d）所示。

2. 全挂里重叠式开衩工艺

以紧身裙后中开衩为例说明全挂里重叠式开衩的制作方法，其工艺流程如图5-13所示。

图5-13　全挂里裙后开衩工艺流程

紧身裙后中开衩的相关裁片如图5-14（a）所示，具体缝制步骤如下：

（1）做面料开衩：按照单做开衩的方法，制作面料的开衩，不要固定贴边。

（2）合里料后中缝：如图5-14（b）所示，沿后中缝缝合至开衩止点，注意倒回针。

（3）卷里料底边：卷边缝里料底边，如图5-14（c）所示。

（4）扣烫衩口：在开衩门襟一侧（右片）转角处打剪口，折转扣烫里料衩口，如图5-14（d）所示。

（5）固定衩口：如图5-14（e）所示，将里料和面料反面相对，分别固定开衩上端及两侧。可以手针缲缝，或者由底边处掏出相应部位的裙片与里料进行反面钩缝。

（6）固定底边：手工三角针或缲针暗缝固定贴边；两侧分别拉线襻，固定裙片与里料的底边，如图5-14（f）所示。

（三）工艺拓展

滚边式方角开衩，滚条需要在转角处拼接或者折叠；圆角开衩，滚条需要提前拔烫成弧形；滚条两端的毛边缝入侧缝的缝份，汇集在开衩止点上方，会比较厚。

镶边式开衩，镶边一般在裙身上，提前拼接，做出完整的裙片后按照常规开衩工艺制作；也有双面镶边的款式，需提前做好两侧镶边，再骑缝完成。

四、门襟工艺

门襟的作用是使服装穿脱方便，裙装门襟分为半开式和全开式两类，见表5-4。

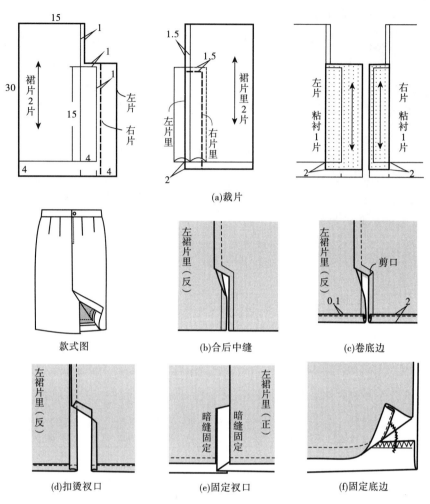

图 5-14　全挂里裙后开衩工艺

表 5-4　门襟设计

类别	设计说明	设计实例	工艺分析
半开门襟	明门襟，外观可以看到开口或者拉链，一般设置于前中、后中或者侧缝		明线装普通拉链工艺，里襟可有可无
	隐形门襟，隐藏在分割缝内，一般设置于后中或者侧缝		暗缝装隐形拉链，一般无里襟，单做或全挂里工艺

续表

类别	设计说明	设计实例	工艺分析
全开门襟	门襟位置、形状根据款式需要设定，使用纽扣、绳带、拉链等实现开合功能		做门襟止口，类似于开衩止口工艺。裁片需要一定的重叠量

裙装的门襟工艺主要介绍半开门襟制作工艺。半开门襟需要绱拉链，常用的拉链有普通拉链和隐形拉链两种，其缝制工艺不同，需要的特种压脚也不同。

（一）普通拉链缝制工艺

1. 单层无里襟工艺

单层无里襟的门襟两侧对称装普通拉链，其工艺流程如图5-15所示。

锁边 ➡ 合中缝 ➡ 烫止口 ➡ 绷缝 ➡ 缉门襟 ➡ 封下口

图5-15　单层无里襟工艺流程

单层无里襟的相关裁片如图5-16（a）所示，具体缝制步骤如下：

（1）锁边：两裙片除腰口以外其余部分均锁边。

（2）合中缝：两裙片正面相对，缝合门襟止点以下的中缝，门襟止点处重合回针。

（3）烫止口：将中缝缝份劈开，顺势压烫门襟止口。注意熨烫手法，止口不能变形。

（4）绷缝：将拉链头拉至最下端，分别用手针绷缝两边的拉链布带，距止口0.6cm，如图5-16（b）所示；或者用珠针别合，临时固定拉链与门襟。

（5）缉门襟、封下口：在门襟正面缉线固定拉链，距止口0.5cm（建议使用单边压脚）；将拉链头拉至上端，在拉链底端横向重合缉缝三次固定拉链，注意避开拉链尾端的金属下止扣，如图5-16（c）所示。

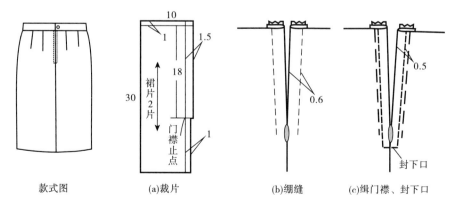

款式图　　(a)裁片　　(b)绷缝　　(c)缉门襟、封下口

图5-16　单层无里襟装拉链工艺

2. 单层有里襟工艺

单层有里襟的门襟两侧不对称装普通拉链，其工艺流程如图 5-17 所示。

图 5-17　单层有里襟工艺流程

单层有里襟门襟的相关裁片如图 5-18（a）所示，具体缝制步骤如下：

（1）锁边：两裙片除腰口以外其余部分均锁边，里襟对折后双层锁边，如图 5-18（b）所示。

（2）合中缝：两裙片正面相对，缝合门襟止点以下的中缝，门襟止点处重合回针。

（3）烫止口：将中缝缝份劈开，顺势压烫止口，门襟一侧保持中缝顺直，里襟一侧留出 0.2cm 重叠量，如图 5-18（c）所示。注意熨烫手法，止口不能变形。

（4）装里襟：压缉缝固定裙片里襟一侧与拉链的左侧布带及里襟，缉线 0.1cm，如图 5-18（d）所示。

（5）缉门襟、封下口：绷缝拉链右侧布带与门襟；然后正面缉线，距离止口 0.8cm（需要单边压脚）；最后横向重合倒回针三次封下口，如图 5-18（e）所示。

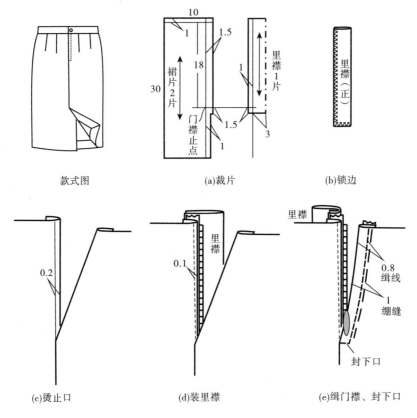

图 5-18　单层有里襟装拉链工艺

3. 有里子无里襟工艺

有里子无里襟裙装装拉链的工艺流程如图5-19所示。

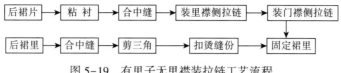

图5-19　有里子无里襟装拉链工艺流程

有里子无里襟装拉链工艺的相关裁片如图5-20（a）所示，具体操作步骤如下：

（1）粘衬：在裙片拉链开口部位反面粘衬。

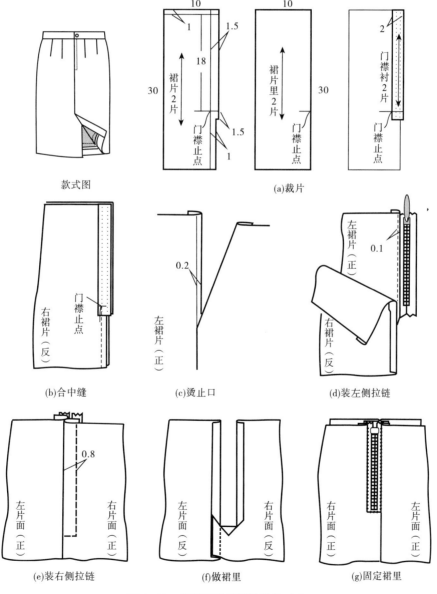

图5-20　有里子无里襟装拉链工艺

（2）合中缝：将左、右裙片中缝对齐，缉合门襟止点以下部分，如图 5-20（b）所示。注意起落针时重合倒回针。

（3）装里襟侧拉链：将裙片缝份沿净线以外 0.2cm 扣折，如图 5-20（c）所示；搭合拉链左侧布带，正面缉明线，线迹距离止口 0.1cm（需要单边压脚），如图 5-20（d）所示。

（4）装门襟侧拉链：将左、右裙片放平，右边缝份全部扣折，并与拉链右侧布带缉合固定，线迹距离止口 0.8cm（需要单边压脚），可以先绷缝后缉线，如图 5-20（e）所示。

（5）做裙里：将左、右片裙里开口对齐，缝合开口以下区域；开口止点处剪三角，宽度约 1.5cm；将剪开的三角及开口两边缝份扣烫平整，如图 5-20（f）所示。

（6）固定裙里：将裙里反面和裙面反面开口处对齐，用手针沿裙里开口折边缭缝固定，或者由反面机缝固定，如图 5-20（g）所示。

制作时要求裙面平服，止口顺直，不拧不皱。

（二）隐形拉链缝制工艺

1. 工艺流程

裙装装隐形拉链的工艺流程如图 5-21 所示。

图 5-21　装隐形拉链工艺流程

2. 制作工艺

装隐形拉链工艺的相关裁片如图 5-22（a）所示，具体操作步骤如下：

（1）合缝：将两裙片正面相对，先缝合开口以下部分，起落针需要倒回针；然后大针脚绷缝开口部分（熟练者可以不缝），如图 5-22（b）所示。

（2）拉链定位：将缝合的部分劈缝，拉合的拉链反面朝上覆在缝份上，左右居中，拉链头距离腰口 1cm；在两侧的拉链布带及裙片缝份上做定位记号（对初学者很重要），如图 5-22（c）所示。

（3）装拉链：拆开裙片开口部分的绷缝线迹；将拉链头拉至尾端，比齐记号，分别将拉链布带缉在左、右裙片上（需要隐形拉链压脚），缝止点超过门襟止点 0.5cm（约 2 针），止点处注意回针，如图 5-22（d）所示。

（4）固定拉链：将拉链头从开口止点处拉出，确认拉合、开启顺畅；拉链在门襟止点以下留出 2~3cm，修剪尾端的多余部分，并用裙面料包覆、固定；将拉链两侧的布带分别和裙片的缝份固定，如图 5-22（e）所示。

制作时要求拉链隐蔽，两侧平服，开合顺畅。

（三）工艺拓展

全开门襟需要一定的重叠量，止口工艺可以参考本章本节的"三、裙开衩工艺"，第六章"衬衫工艺"中也有详细说明。

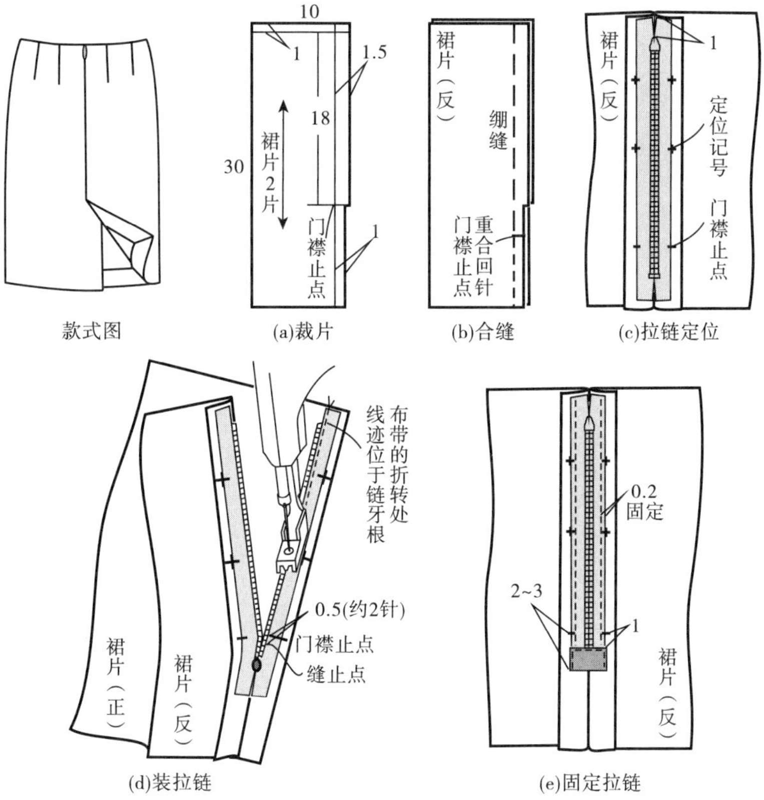

图 5-22　装隐形拉链工艺

五、腰头工艺

腰头是与裙身相连的带状部分，是裙装腰部最显著的部件。从外观看，腰头有另装式、连腰式和无腰式，见表 5-5。

表 5-5　腰头设计

类别	设计说明	设计实例	工艺分析
另装式	腰部的横向分割线将腰头与裙身分开，腰头的宽度、形状都可以设计；为增加腰围尺寸的适应性，腰头上也可以局部或者全部加入松紧带	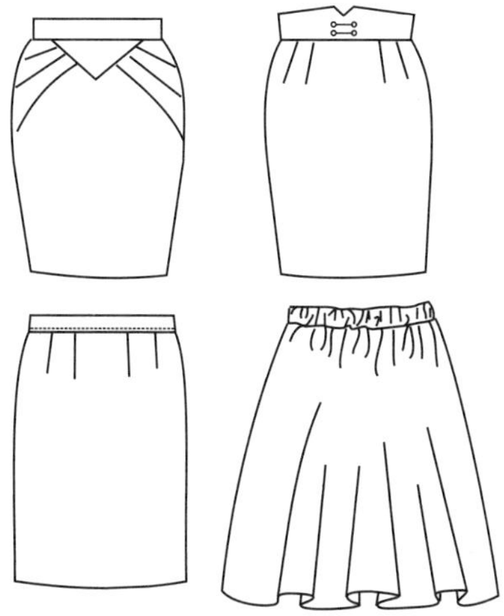	另装式腰头需要相同的双层，骑缝缉在腰口处。如果加松紧带，需要提前将松紧带与腰头固定

续表

类别	设计说明	设计实例	工艺分析
连腰式	腰部会有纵向的省道或者分割线，可以是正常高度连腰，也可以高连腰		连腰式需要裁剪腰头贴边，贴边上不需要省缝和分割线；贴边与裙身在上口钩压缝固定
无腰式	大多采用育克设计		双层育克的工艺与另装式腰头相同，单层育克的工艺与连腰式腰头相同

从腰头工艺特征看，另装式腰头需要双层，而连腰式和无腰式则只需要一层腰口贴边，所以腰头工艺一般分为双层式和贴边式两种。

（一）双层式腰头工艺

另装式腰头需要双层，包括腰面和腰里，两层的形状完全相同。正常腰位的腰头是直条状，腰面与腰里可以连裁；高腰位或低腰位的腰头呈弧形，腰面与腰里需要各自单裁，连裁或者单裁的腰头工艺是相同的。

1. 双层式腰头的工艺流程（图 5-23）

图 5-23　双层式腰头工艺流程

2. 绱腰头的方法

绱腰头是双层腰头与单层腰口的连接，一般采用骑缝，具体方法有以下三种。

（1）反正夹缝法：需要两次缝合，先绱腰里，再绱腰面。下面以直条腰头为例说明其工艺，相关裁片如图 5-24（a）所示，具体缝制步骤如下：

①腰头粘衬：腰面、腰里的反面全粘非织造黏合衬，并扣烫腰面下口的缝份。

②钩缝：将腰头正面相对钩缝两端至下口净线，如图 5-24（b）所示。

③烫腰头：翻至正面，压烫腰头止口。

④绱腰头：先将腰里和裙片的反面相对，沿扣烫好的腰面下止口外侧车缝一周，如图 5-24（c）所示；然后翻起腰头，将腰口缝份置于腰里、腰面之间，腰面止口刚好盖没绱腰里的线迹，沿腰面下止口缉线，线迹距离止口 0.1cm，如图 5-24（d）所示。注意带紧裙片及腰里，并推送腰面，防止腰头出现涟形。

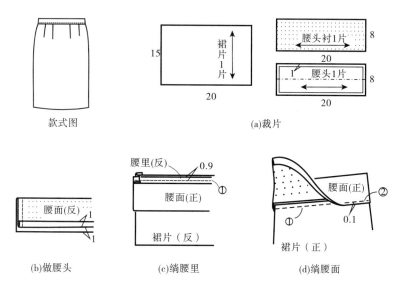

图 5-24　反正夹缝直腰头工艺

（2）正反夹缝法：需要两次缝合，先绱腰面，再绱腰里。相关裁片如图 5-25（a）所示，具体缝制步骤如下：

①腰头准备：腰面、腰里的反面全粘非织造黏合衬，将腰里的下口锁边或者用滚条包覆。

②做腰头：将腰头正面相对钩缝两端至下口净线，如图 5-25（b）所示。

③烫腰头：将腰头翻至正面，压烫对折线及两端止口。

④绱腰头：先将腰面和裙片的正面相对，沿下口净线车缝一周，如图 5-25（c）所示；然后翻起腰头，将腰口缝份置于腰里、腰面之间，沿腰面下止口缉线 0.1cm（或漏落缝），固定腰里的下口，如图 5-25（d）所示。操作时，注意带紧下层、送上层，防止出现涟形，不能漏缝腰里。

（3）双面夹缝法：只需要一次缝合，但缉线部位层次多，操作难度大，尤其对弧形腰头难度更大，可以借助腰头模板来完成。这里以低腰育克裙为例说明其工艺，弧形腰头实际上是育克，相关裁片如图 5-26（a）所示，具体缝制步骤如下：

①腰头准备：腰面、腰贴边的反面全粘非织造黏合衬，分别扣烫腰面、腰贴边下口的缝份，使腰贴边净宽超出腰面 0.1~0.2cm，可以防止绱腰头时漏缝下层，如图 5-26（b）所示。

②钩缝腰头：将腰头与贴边正面相对，钩缝两端及上口。

③烫腰头：将腰头翻至正面，压烫四周止口。

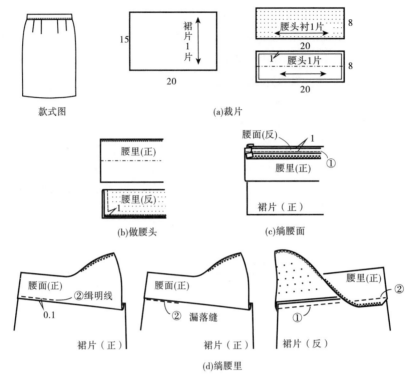

图 5-25　正反夹缝直腰头工艺

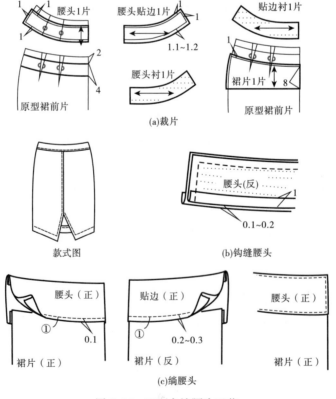

图 5-26　双面夹缝腰头工艺

④绱腰头：如图5-26（c）所示，将裙片腰口缝份插入腰头、贴边之间，从正面缉线，距离止口0.1cm。操作时，缉线位置共有五层，特别需要注意带下层、送上层，既要保持接缝处不变形，又要防止上下层错位出现涟形，还要防止漏缉下层，初学者难以掌握，建议使用工艺模板。腰头绱好之后顺缉腰头其他三边的止口。

制作时要求腰头平服，两端平齐、宽度一致，止口均匀。

（二）贴边式腰头工艺

连腰和无腰裙装的腰口采用贴边式的腰头工艺，以无腰育克裙为例说明其工艺。

1. 工艺流程

贴边式腰头工艺流程如图5-27所示。

图5-27　贴边式腰头工艺流程

2. 制作工艺

无腰育克裙腰头的相关裁片如图5-28（a）所示，具体制作过程如下：

（1）贴边准备：贴边反面粘全衬（非织造黏合衬），并将下口锁边。

（2）装拉链：接缝育克并将缝份锁边，参见装隐形拉链的工艺，在裙片后中装拉链。

（3）钩缝两端：将贴边与育克腰部正面相对，比齐后中缝，分别钩缝两端，缝份1.5cm，如图5-28（b）所示。

（4）钩缝腰口：如图5-28（c）所示，沿后中缝净线折转裙片的缝份，此时贴边腰口与裙片腰口的长度应该一致；沿腰口净线缝合腰口，注意不能还口。还口指在缝制或熨烫过程中将布片局部拉长变形，是一种弊病。

（5）腰口缉线：如图5-28（d）所示，翻正贴边，沿贴边的腰口线缉明线，压住两层缝份（裙身正面无线迹），线迹距离止口0.1cm，两端留出2.5cm不缉（机缝无法缉到两端）；熨烫腰止口，裙片倒吐0.1cm。

（6）固定贴边：如图5-28（e）所示，在反面有缝份的部位手针固定贴边下口。

（三）工艺拓展

松紧带腰头属于双层腰头工艺，需要提前将松紧带与一层或者两层腰头固定，再骑缝绱腰头。也有简做工艺，将两层腰头与裙片腰口一并反面缝合，然后锁边。

六、无领连衣裙的领口工艺

连衣裙中无领的款式很常见，从工艺特征可以分为贴边式和滚边式两类，具体设计见表5-6。

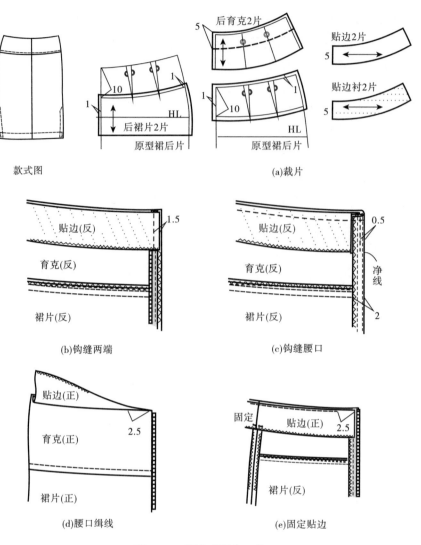

图 5-28 贴边式腰头工艺

表 5-6 贴边设计

类别	设计说明	设计实例	工艺分析
贴边式	明贴边：领口贴边固定于衣身表面，具有明显的装饰性，其形状、宽度、布料都可以根据款式需要设计		贴边里口先与衣片钩缝，而后外口压缉缝固定在衣片上

续表

类别	设计说明	设计实例	工艺分析
贴边式	暗贴边：领口贴边固定在衣身内层，表面看不到；窄贴边的外口一般需要机缝固定，正面可以看到线迹；有些宽贴边也缲线固定外口；当连衣裙为无袖窄肩款时，袖窿与领口采用整片式贴边		贴边下口包缝，与连衣裙片的领口钩缝后，翻至裙片反面，机缝或手缝固定贴边外口
滚边式	领口不留缝份，滚条包裹毛边，也可以用于袖窿、开衩、底边等部位。滚条可以用裙身面料，也可以用搭配色的较薄材料，更具有装饰性		斜裁滚条，扣净毛边后双层骑缝固定

滚边式领口工艺比较简单，不做详细说明，下面主要介绍贴边式工艺。

无领的领口毛边需要处理，大多采用贴边工艺，粘了衬的贴边还可使止口挺括，造型稳定。贴边工艺也适用于无袖的袖窿、底边、开衩等部位。从外观看，贴边可以分为两类，即明贴边和暗贴边。

（一）明贴边工艺

明贴边是将贴边缝制在衣身的表面，不仅起到处理毛边的作用，还具有装饰作用。下面以方领口连衣裙为例说明明贴边工艺。

1. 工艺流程

明贴边工艺流程如图5-29所示。

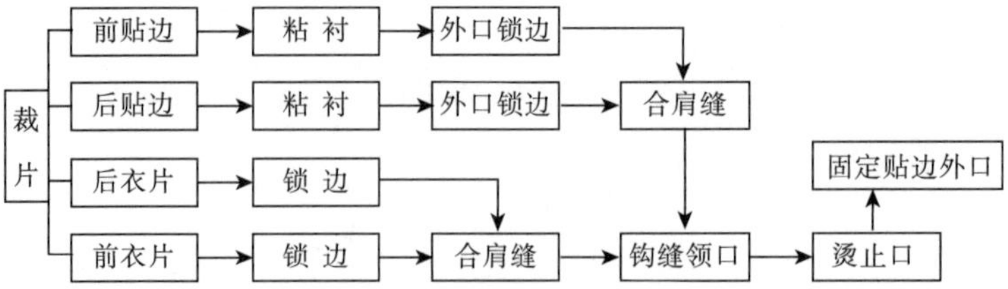

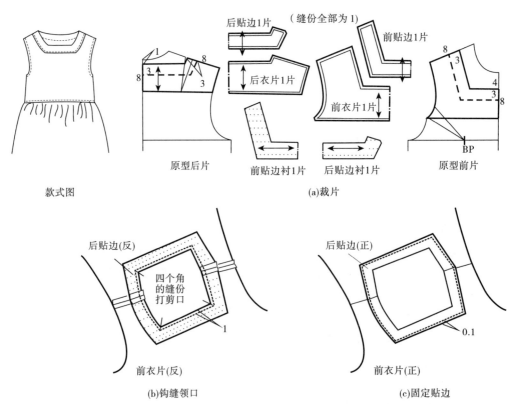

图 5-29　明贴边工艺流程

2. 制作工艺

明贴边的相关裁片如图 5-30（a）所示，具体制作步骤如下：

（1）贴边准备：贴边反面粘全衬（非织造黏合衬），并将外口锁边；衣片侧缝及下口锁边。

（2）合肩缝：分别缝合前后贴边的肩缝、前后衣片的肩缝，并分烫劈开缝份。

（3）钩缝领口：贴边正面与衣片反面相对，沿领口缝合，缝份 1cm，如图 5-30（b）所示。

（4）烫止口：在领口转角处，将缝份打深剪口；沿缝合线迹向衣片方向折烫缝份；将贴边翻至衣片正面，压烫领口；扣烫贴边外口，注意保持贴边宽度一致。

（5）固定贴边：压缉缝固定贴边外口，如图 5-30（c）所示。

明贴边制作要求整齐、均匀、平服，线迹顺直。

图 5-30　明贴边工艺

(二) 暗贴边

暗贴边是指贴边缝制在衣身内层，表面看不到，为了确保表面不露贴边，通常的做法是在止口处使面布略有倒吐。

1. 领口贴边工艺

单独的领口贴边采用钩压缝工艺，与单独的袖窿贴边、底边贴边、开衩贴边工艺基本相同，其工艺流程如图 5-29 所示。

领口贴边的相关裁片如图 5-31 (a) 所示，具体制作步骤如下：

(1) 贴边准备：贴边反面粘全衬 (非织造黏合衬)，并将外口锁边；衣片侧缝及下口锁边。

(2) 合肩缝：分别缝合前后贴边的肩缝、前后衣片的肩缝，并分烫劈开缝份。

(3) 钩缝领口：如图 5-31 (b) 所示，将衣片与领口贴边正面相对钩缝，缝份 0.8cm。

(4) 烫止口：在领口弧度较大区域，将缝份打适量的深剪口；沿缝合线迹向贴边方向折烫缝份；将贴边翻至衣片反面，保持止口处衣片倒吐 0.1cm，压烫领口。

(5) 压缝止口：由衣片正面压缝领止口，缉线距离止口 0.5cm，如图 5-31 (c) 所示。

(6) 固定贴边：根据款式要求，固定贴边外口时正面不露线迹。通常在衣片的缝份位置与贴边固定，可以用手针或机缝在肩缝处与缝份固定，如图 5-31 (d) 所示。

领口贴边要求止口整齐、均匀、平服，贴边无反吐，线迹顺直。

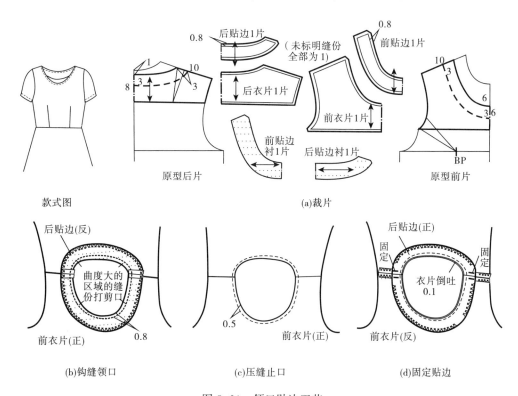

图 5-31　领口贴边工艺

2. 整体式贴边工艺

对于窄肩的连衣裙，领口贴边和袖窿贴边需要连为一体裁剪，称为整体式贴边。后中有无开口，贴边的做法不同。

（1）后中开口的整体式贴边工艺：

后中开口式贴边的，工艺流程如图5-32所示。

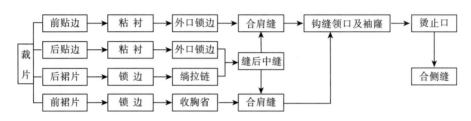

图5-32　后中开口式贴边工艺流程

后中开口整体式贴边的相关裁片如图5-33（a）所示，具体制作步骤如下：

①准备：贴边反面粘全衬（非织造黏合衬），并将外口锁边；衣片后中、侧缝及下口锁边。

②绱拉链：后裙片中缝绱拉链，具体工艺参见本章本节的"四、门襟工艺"。

③缝后中缝：如图5-33（b）所示，后片贴边与后裙片正面相对，缝合后中缝，缝份1.5cm。

④合肩缝：分别缝合贴边肩缝、裙片肩缝，缝份1cm，劈缝烫平，如图5-33（b）所示。

⑤钩缝领口及袖窿：如图5-33（c）所示，将裙片与贴边正面相对，上下层比齐钩缝领口、袖窿，缝份0.8cm。

⑥烫止口：在领口弧度较大区域，将缝份打适量的深剪口；沿缝合线迹向贴边方向折烫缝份，如图5-33（d）所示；如图5-33（e）所示，将后裙片由肩缝掏出，贴边翻至裙片反面，保持止口处裙片倒吐0.1cm，压烫领口、袖窿。

⑦合侧缝：将袖窿底处的贴边翻开，和裙片连贯缝合侧缝，缝份做劈缝处理，如图5-33（f）所示。

⑧固定贴边：根据款式要求，固定贴边外口时正面不露线迹。在裙片的侧缝处，将贴边与缝份固定，可以用手针或机缝固定。

后中开口式贴边要求止口整齐、均匀、平服，贴边无倒吐，线迹顺直。

（2）后中无开口的整体式贴边工艺：

后中无开口的整体式贴边工艺流程如图5-34所示。

后中无开口整体式贴边的相关裁片如图5-35（a）所示，具体制作步骤如下：

①准备：贴边反面粘全衬（非织造黏合衬），并将外口锁边；衣片侧缝及下口锁边。

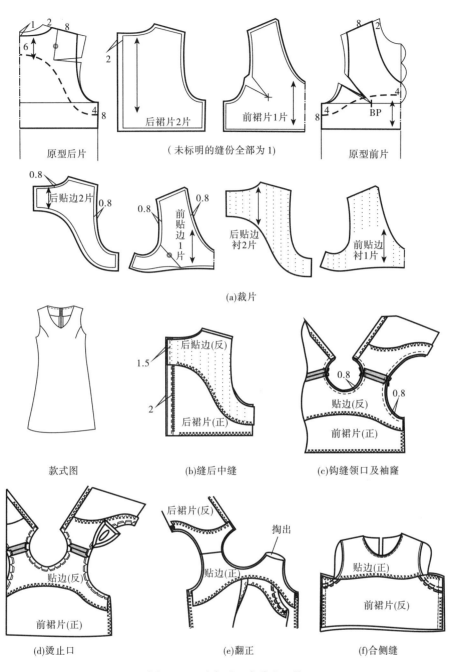

(a)裁片

款式图　　　　　　(b)缝后中缝　　　　　　(c)钩缝领口及袖窿

(d)烫止口　　　　　　(e)翻正　　　　　　(f)合侧缝

图 5-33　后中开口式贴边工艺

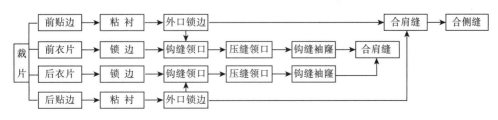

图 5-34　后中无开口整体式贴边工艺流程

②钩缝领口：如图5-35（b）所示，分别将前、后衣片与贴边正面相对，上下层比齐钩缝领口，缝份0.8cm，注意留下肩缝的缝份部分不缝合。

③压缝领口：如图5-35（c）所示，在前领口的弧线区域，将缝份打适量剪口；将贴边翻至正面，沿领口的缝口缉线，将贴边与两侧缝份固定，线迹距离缝口0.1cm，注意留下肩缝的缝份部分不缝合。以同样方法压缝后领止口。

④钩缝袖窿：将衣片与贴边正面相对，上下层比齐钩缝袖窿，缝份0.8cm，注意距离肩线5cm的部分不缝合，如图5-35（d）所示。

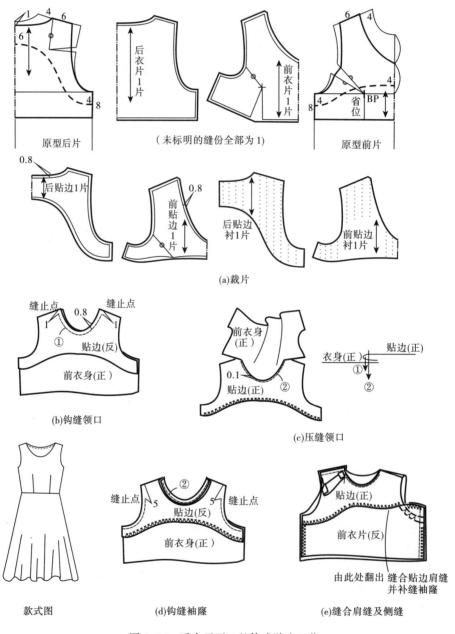

图5-35　后中无开口整体式贴边工艺

⑤合肩缝：在弧线区域的袖窿缝份上打剪口，分别将前、后衣片翻至正面，两衣片正面相对缝合肩缝，缝份 1cm，劈缝烫平；由下口分别掏出左、右两侧贴边的肩缝，正面相对缝合，缝份 1cm；补缝肩缝前后的袖窿区域（10cm），如图 5-35（e）所示。

⑥烫止口：保持止口处衣片倒吐 0.1cm，压烫领口、袖窿。

⑦合侧缝：将袖窿底处的贴边翻开，和衣片连贯缝合侧缝，缝份做劈缝处理。

⑧固定贴边：根据款式要求，固定贴边外口时正面不露线迹。在衣片的侧缝处，将贴边与缝份固定，可以用手缝或机缝固定。

后中无开口整体式贴边要求止口整齐、均匀、平服，贴边无反吐，线迹顺直。

（三）工艺拓展

窄贴边属于暗贴边工艺，一般取斜纱的长方形布条，宽度约为 2cm，长度约为弧形止口长度的 95%。贴边先与衣身正面相对钩缝在弧形止口处，再翻正、折净外口并缉线固定，正面会有线迹，距离止口约 0.5cm。窄贴边可以用于领口和袖窿，尤其是盖袖的袖窿底部（盖袖是指只有局部袖山头的一类袖型，腋下无袖）。

七、思考与实训

（一）常规部件工艺练习

1. 练习收省、绱隐形拉链工艺及直腰头缝制工艺。

2. 练习挂里裙后开衩工艺。

3. 练习弧形腰头的缝制工艺。

4. 练习连衣裙分片式贴边工艺与整体式贴边工艺。

（二）拓展设计与训练

根据各零部件设计要素，对各零部件进行创新设计，并缝制完成。

第二节　直身裙缝制工艺

课前准备

1. 材料准备

（1）面料：

①面料选择：直身裙面料材质选择范围比较大，根据穿着场合、季节以及个人爱好可选择不同花色和图案的面料，如毛呢类、混纺类织物，棉、麻、丝等，颜色深浅均可。秋冬季穿用时，以毛呢类面料为主；春夏季穿用时，以吸湿透气的棉、麻面料为主。

②面料用量：幅宽 144cm，用量为腰围+搭门量+缝份（2cm），约为 75cm。幅宽不同时，根据实际情况酌情加减面料用量。

（2）里料：

①里料选择：一般选择与面料材质、色泽、厚度相匹配的涤丝纺、尼丝纺等织物。

②里料用量：幅宽140cm，用量为裙长+缝份（5cm），约为65cm。

（3）其他辅料：

①裙钩：裙钩一副。

②拉链：约20cm长的隐形拉链一条，要求与面料颜色相匹配。

③缝线：准备与面料颜色及材质相匹配的缝线。

④非织造黏合衬：幅宽90cm，用量约为25cm。

⑤打板纸：整张绘图纸2张。

2. 工具准备

备齐制图常用工具与制作常用工具，隐形拉链压脚、相关模板，调整好缝纫机针距、面线底线张力等。

3. 知识准备

复习直身裙样板绘制的相关知识，以及部件与部位工艺的内容。

直身裙是半身裙的代表款式，其简洁、干练的风格，易于搭配各类服装的优点，使直身裙赢得很多女性的青睐。随着20世纪大批女性参加工作，直身裙被作为职业女装中的经典样式固定下来，并随着流行产生细节部位的变化。

一、直身裙款式特征概述

直身裙为挂里裙装，另装窄腰头，门里襟处钉钩扣，前身整片，后中缝下端开衩、上端装拉链，前、后腰口各收四个省，裙身呈直筒状，裙长至膝，如图5-36所示。

图5-36　直身裙款式图

二、结构制图

1. 制图规格（表5-7）

表5-7　直身裙规格尺寸
单位：cm

号/型	裙长（L）	腰围（W）	臀围（H）	腰至臀长
160/68A	60	68+2（放松量）	90+4（放松量）	18

2. 直身裙结构制图（图 5-37）

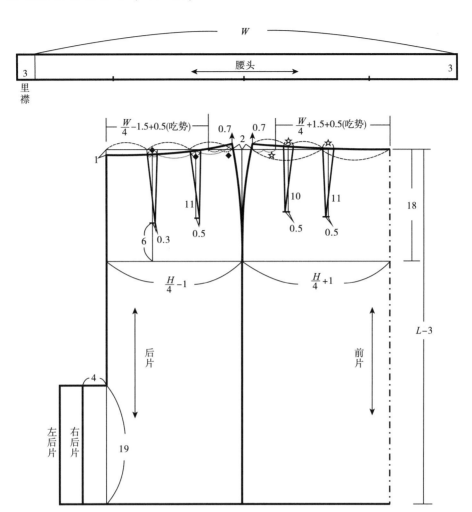

图 5-37　直身裙结构图

三、放缝与排料

直身裙全套样板明细如表 5-8 所示。

表 5-8　直身裙样板明细

项目	序号	名称	裁片数	标记内容
面料样板 （C）	1	前裙片	1	纱向、省位、臀围线、底边净线
	2	后裙片	2	纱向、省位、开衩、拉链止点、臀围点、底边净线
	3	腰头	1	纱向
里料样板 （D）	1	前裙片	1	纱向、省位、臀围线
	2	后裙片	2	纱向、省位、开衩、拉链止点、臀围线

面料放缝与排料如图 5-38 所示,里料放缝与排料如图 5-39 所示。图中未特别标明的部位放缝量均为 1cm。

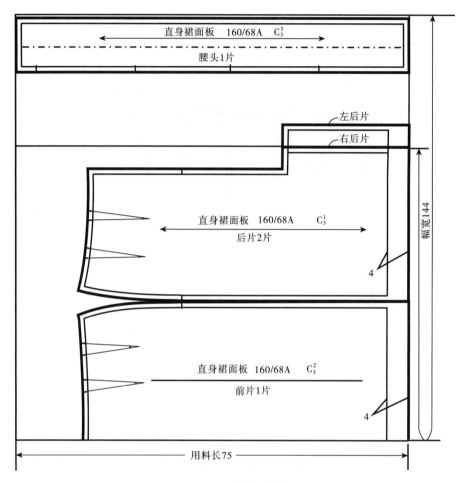

图 5-38 面料放缝排料图

四、缝制工艺

(一) 缝制工艺流程图

直身裙缝制工艺流程如图 5-40 所示。

(二) 缝制准备

1. 检查裁片

(1) 检查数量:对照排料图,清点裁片是否齐全。

(2) 检查质量:认真检查每个裁片的用料方向、正反形状是否正确。

(3) 核对裁片:复核定位、对位标记,检查对应部位是否符合要求。

2. 做标记

按照样板分别在面料、里料的前后省位、开衩位、拉链止点、底边等处做标记。

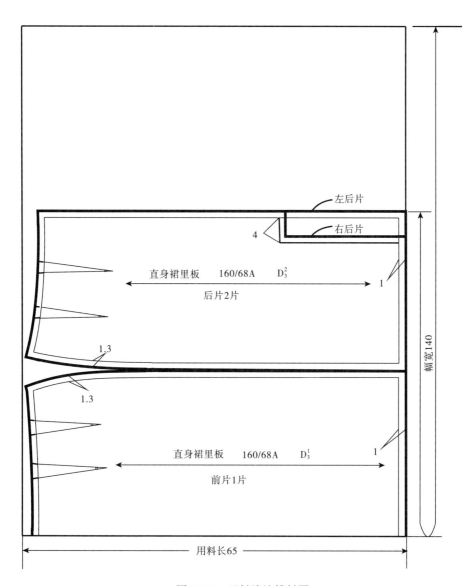

图 5-39 里料放缝排料图

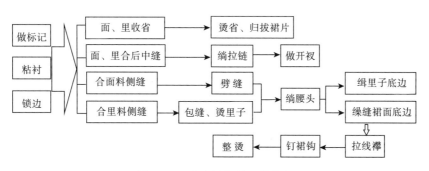

图 5-40 直身裙缝制工艺流程

3. 烫黏合衬

用熨斗在腰头、裙后开衩处粘非织造黏合衬。注意面料的性能，熨烫温度及压力要适宜，以保证粘衬均匀、牢固。

4. 锁边

裙片腰口不锁边，其余三边全应锁边，如图 5-41 所示。

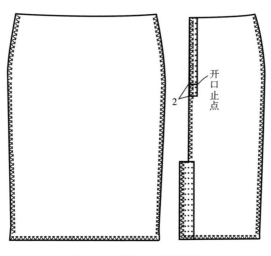

图 5-41　锁边、粘衬部位

(三) 缝制说明

1. 面、里料收省 (可以用省道模板)

（1）前（后）裙片面料收省，在省尖处打结。省缝倒向前（后）中心熨烫，至省尖位置时，用手向上推着省尖熨烫，以免这个区域的纱向变形。

（2）里料收省方法与面料相同，里料的省道也可以按照褶裥的形式来处理。里料省道熨烫时，前、后省缝份分别向两侧烫倒，与面料省道的倒向相反，以减少裙子省道处的厚度，使表面更平整。熨烫时，注意省尖处平服、无泡。

（3）前（后）裙片的侧缝在臀部区域需要归拢，使侧缝尽量形成直线，如图 5-42 所示。

2. 后中缝隐形拉链 (需要专用压脚)

（1）合后中缝：从拉链止点起针（倒回针），留 1cm 缝份缝合，顺缉至开衩上端，劈缝烫平。

（2）缉拉链：先将缝份和隐形拉链正面相对绷缝，然后打开拉链，使用单边压脚贴近拉链牙缉缝，完成后缝份自动拼齐，且正面无明线。

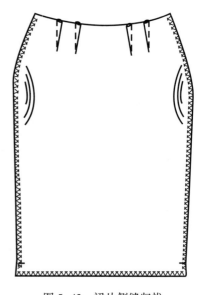

图 5-42　裙片侧缝归拢

（3）固定里料：缝合拉链与开衩之间的裙里后中线，上部剪三角，并翻折扣烫，然后用手针缭缝固定，或将里料与拉链反面相对，按缝份绲缝固定里料、拉链、面料。

3. 缝合面料裙后开衩

缝合面料裙后开衩的具体方法及要求参见本章第一节中的"全挂里裙后开衩工艺"。

4. 合面料侧缝

将前后裙片侧缝缝合，起落针倒回针，分缝烫平；然后扣烫底边。

5. 合里料侧缝

裙里前后片对齐，正面相对，1cm 缝份缝合两侧缝；三线包缝两侧缝；按照 1.3cm 缝份向后片扣烫侧缝，如图 5-43 所示。

6. 绱腰头

绱腰头的具体方法及要求参见本章第一节中的"直腰头缝制工艺"。注意门里襟长短一致，腰头宽窄均匀，不拧不皱。

7. 缭底边及拉线襻

扣烫好的裙底折边，用三角针固定，要求线迹松紧适宜，正面不露针迹。在裙子两侧缝底边处，用线襻将面、里悬挂固定，线襻长 3~5cm。

8. 钉裙钩

腰头门襟片钉裙钩，里襟钉拉钩，如图 5-44 所示。

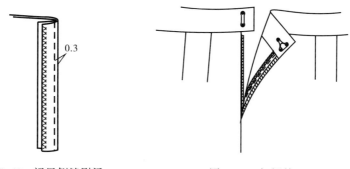

图 5-43　裙里侧缝熨烫　　　　　图 5-44　钉裙钩

9. 整烫

在直身裙上盖水布，喷水熨烫。腰臀部需放在布馒头上熨烫，保证圆顺、窝服。

五、思考与实训

（一）常规直身裙缝制工艺练习

在规定的时间内，按工艺要求完成一条挂里直身裙的裁制，规格尺寸自定。工艺要求及评分标准见表 5-9。

表5-9 直身裙工艺要求及评分标准

部位	工艺要求	分值
规格	允许误差: $W=\pm1.0\text{cm}$, $L=\pm1.5\text{cm}$	15
腰头	宽度一致, 不拧、不皱、无泡, 线迹整齐	15
腰省	前后腰省位置、长度、大小对称, 省尖平服无泡	10
拉链	两侧高度一致, 隐形拉链在拼缝处正好对合; 普通拉链缉明线, 止口均匀, 线迹整齐、牢固	15
开衩	开衩上口平服, 与中缝顺直, 不起吊, 不外翻, 里子平服	20
底边	贴边宽度一致, 平服, 无起绉, 不变形, 正面线迹符合要求	5
侧缝	缝口顺直, 两侧平服, 无坐势	5
里子	与裙面规格相符, 平整, 无毛露, 侧缝固定	5
整烫效果	平整、挺括、无脏、无黄、无焦	10

(二) 拓展设计与训练

设计一款直身裙, 然后进行缝制, 并写出设计说明书, 主要内容包括: 作品名称, 款式图, 款式说明, 用料说明 (面料和辅料), 结构图和毛样板图 (1:5), 工艺流程图, 缝制工艺方法及要求等。

第三节 低腰育克裙缝制工艺

课前准备

1. 材料准备

(1) 面料:

①面料选择: 面料材质适合选择结实有弹性的面料。毛织物如法兰绒、华达呢、哗叽等; 棉织物如粗斜纹布、凸纹布、灯芯绒等; 也可采用麻、化纤等面料。

②面料用量: 幅宽144cm, 用量为裙长+10cm, 约为65cm。幅宽不同时, 根据实际情况酌情加减面料用量。

(2) 其他辅料:

①拉链: 约20cm长的隐形拉链一条, 要求与面料顺色。

②非织造黏合衬: 幅宽90cm, 用量约为30cm。

③缝线: 准备与使用布料颜色及材质相符的缝线。

④打板纸: 绘图纸2张。

2. 工具准备

备齐制图常用工具与制作常用工具, 隐形拉链压脚、相关模板。

3. 知识准备

复习低腰育克裙样板制作的相关知识，以及隐形拉链缝绱工艺、贴边式腰头缝制工艺。

一、款式特征概述

本款裙装为轮廓呈 A 字的半截短裙，低腰、无腰头，宽育克，前中有一对折暗裥，后中缝绱隐形拉链，裙长至膝上，如图 5-45 所示。

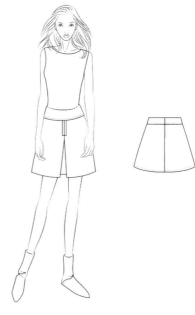

图 5-45 低腰育克裙款式图

二、结构制图

1. 制图规格（表 5-10）

表 5-10 低腰育克裙规格尺寸 单位：cm

号/型	裙长（L）	腰围（W）	原型臀围（H）	腰口贴边宽
160/68A	55	68+2（放松量）	90+4（放松量）	4

2. 结构制图（图 5-46）

三、放缝与排料

低腰育克裙全套样板明细见表 5-11。

表 5-11 低腰育克裙样板明细

项目	序号	名称	裁片数	标记内容
面料样板（C）	1	前裙片	1	纱向、臀围线、底边净线
	2	后裙片	2	纱向、拉链止点、臀围线、底边净线
	3	前育克	1	纱向
	4	后育克	2	纱向
	5	前腰头贴边	1	纱向
	6	后腰头贴边	2	纱向

面料放缝与排料如图 5-47 所示，图中未特别标明的部位放缝量均为 1cm。

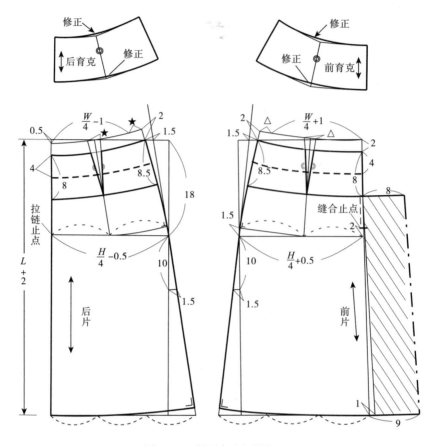

图 5-46　低腰育克裙结构图

四、缝制工艺

(一) 工艺流程

低腰育克裙缝制工艺流程如图 5-48 所示。

(二) 缝制准备

1. 检查裁片

(1) 数量检查：对照排料图，清点裁片是否齐全。

(2) 质量检查：认真检查每个裁片的用料方向、正反、形状是否正确。

(3) 核对裁片：复核定位、对位标记，检查对应部位是否符合要求。

2. 做标记

在前中裥部位，根据烫折线划出裥的位置；后中标出拉链止点位置。

(三) 缝制说明

1. 粘衬

在裙后中拉链部位粘非织造黏合衬，宽 2cm，向下超过拉链止点 2cm 左右；腰口贴边全粘非织造黏合衬。

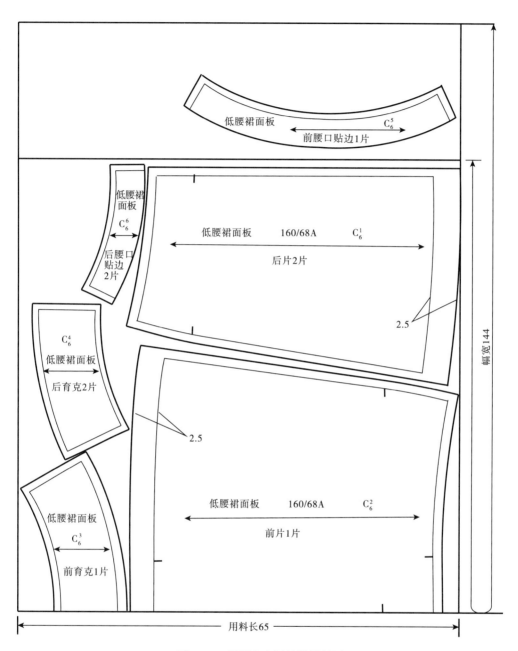

图 5-47 低腰育克裙放缝排料图

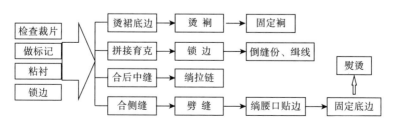

图 5-48 低腰育克裙缝制流程

2. 锁边

育克部分的侧缝需要锁边（三线包缝）；裙片除上口外，其余三边包缝；腰口贴边的侧缝及下口包缝。

3. 烫裙底边

面料前后片按净线扣烫裙底边。

4. 固定裥

裙片正面朝上，根据烫折线位置熨烫出前中裥；在裙片反面，每个裥两侧缉缝0.1cm明线至裙底边，便于裥固定；然后在裙片上口处缝份内缉线（约0.8cm），将裥固定在相应的位置，如图5-49（a）所示；最后将裙片翻正，整理裥并缉缝固定裥上部，如图5-49（b）所示。

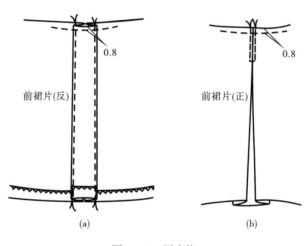

前裙片(反) 0.8

前裙片(正) 0.8

(a) (b)

图 5-49　固定裥

5. 拼接育克

将前、后育克与裙片面料分别进行拼接，双层缝份一起包缝，然后向育克一侧烫倒，如图5-50所示。缝制时，注意上下片的中点对齐，根据款式要求，育克止口正面缉线0.5cm固定。

6. 缉拉链

从拉链开口止点以下缝合后中缝，并劈缝烫平。然后换专用压脚，缉隐形拉链，具体方法参见本章第一节中"隐形拉链缝制工艺"的内容。注意左右育克平齐，腰口平齐。

7. 合侧缝

沿净线缝合裙左右侧缝，并劈缝烫平。要求缉线顺直，左右长短一致，前后育克平齐。

8. 缉腰口贴边

缉腰口贴边参见本章第一节中"贴边式腰头工艺"的内容。注意止口不能反吐，正面压缉0.1cm明线，如图5-51所示。

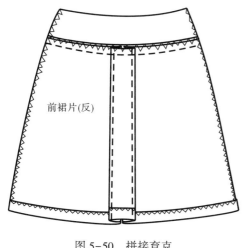

图 5-50 拼接育克   图 5-51 绱腰口贴边

9. 固定裙底边

固定裙底边贴边，距离止口 2cm 缉线。

10. 熨烫

在裙子反面，将各条缝份、裙裥、裙腰口及裙底边放平熨烫。翻到正面，观看整体效果，要求裙子平服、美观。

五、思考与实训

（一）常规低腰裙缝制工艺练习

在规定时间内，按工艺要求完成一件低腰育克裙的裁制，规格尺寸自定。工艺要求及评分标准见表 5-12。

表 5-12 低腰育克裙工艺要求及评分标准

项目	工艺要求	分值
规格	允许误差：$W=\pm1.0cm$，$L=\pm1.5cm$	20
裥	裥位准确，裥边顺直	15
侧缝	缉线顺直，左右长短一致	15
育克	位置准确，宽窄一致	15
隐形拉链	拉链封合牢固，开启顺畅，无褶皱，左右育克平齐	15
底边	贴边宽窄一致，止口均匀，不拧不皱	10
熨烫效果	无线头，无皱，无污，无黄，无极光，平服	10

（二）拓展设计与训练

设计一款低腰裙，然后进行缝制，并写出设计说明书，主要内容包括：作品名称，款式图，款式说明，用料说明（面料和辅料），结构图和毛样板图（1：5），工艺流程图，缝制工艺方法及要求等。

第四节　连衣裙缝制工艺

课前准备

1. 材料准备

（1）面料：

①面料选择：面料材质适合选择棉、麻、薄型毛料或化纤类织物等，也可选择带有蕾丝、有飘逸感的雪纺类面料。选择范围比较广，视具体的穿着场合和个人爱好而定。

②面料用量：幅宽144cm，用量为裙长+10cm，约为110cm。裙摆摆度大的款式，根据实际情况酌情增加面料用量。幅宽不同时，也要根据实际情况酌情加减面料用量。

（2）其他辅料：

①拉链：约40cm长的隐形拉链一条，要求与面料顺色。

②非织造黏合衬：幅宽90cm，用量约为20cm。

③缝线：准备与使用布料颜色及材质相符的缝线。

④打板纸：整张绘图纸2张。

2. 工具准备

备齐制图常用工具与制作常用工具，隐形拉链压脚。

3. 知识准备

提前准备女装上衣原型衣片净样板，复习隐形拉链缝绱工艺。

一、款式特征概述

本款连衣裙外轮廓呈 A 型，腰部略收，无领，无袖，左侧缝装隐形拉链，前、后片各有两条纵向分割线，裙长及膝，如图 5-52 所示。

二、结构制图

1. 制图规格（表 5-13）

图 5-52　连衣裙款式图

表 5-13　连衣裙规格尺寸　　　　　　　　　　　单位：cm

号型	净胸围（B^*）	胸围（B）	腰围（W）	裙长（L）	背长
160/84A	84	84+10（放松量）	69	100	38

2. 标准女上衣原型（图5-53）

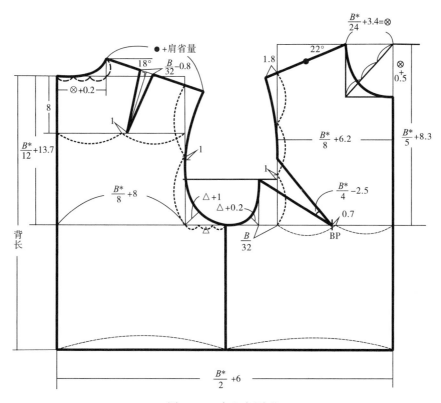

图5-53 女上衣原型

3. 上衣原型结构调整（图5-54）

（1）后衣身：把肩省的1/3量转移到袖窿，作为袖窿松量。

（2）前衣身：胸部浮余量的1/3量作为袖窿松量。

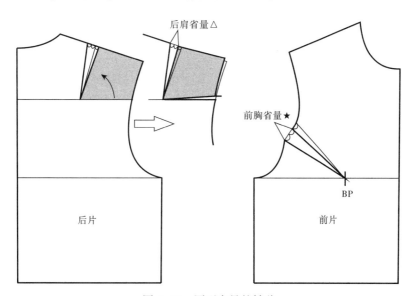

图5-54 原型省量的转移

4. 裙片结构制图（图5-55）

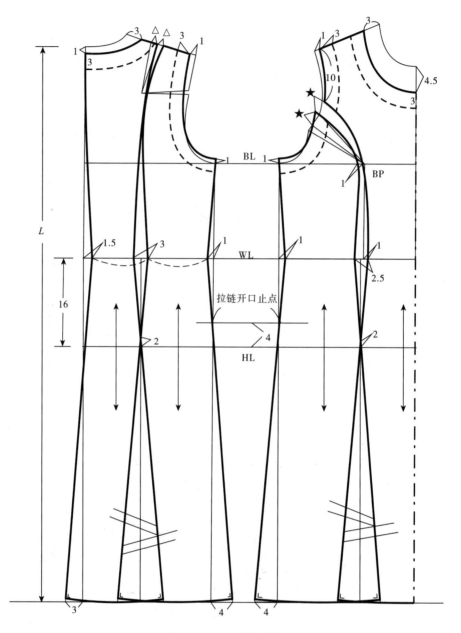

图5-55 连衣裙结构图

三、放缝与排料

连衣裙全套样板明细见表5-14。

面料放缝与排料如图5-56所示，图中未特别标明的部位放缝量均为1cm。

表 5-14　连衣裙样板明细

项目	序号	名称	裁片数	标记内容
面料样板（C）	1	前中裙片	1	纱向、腰围线、臀围线、底边净线
	2	后中裙片	2	纱向、腰围线、臀围线、底边净线
	3	前侧片	2	纱向、腰围线、臀围线、底边净线
	4	后侧片	2	纱向、腰围线、臀围线、底边净线
	5	前袖隆贴边	2	纱向
	6	后袖隆贴边	2	纱向
	7	前领口贴边	2	纱向
	8	后领口贴边	2	纱向

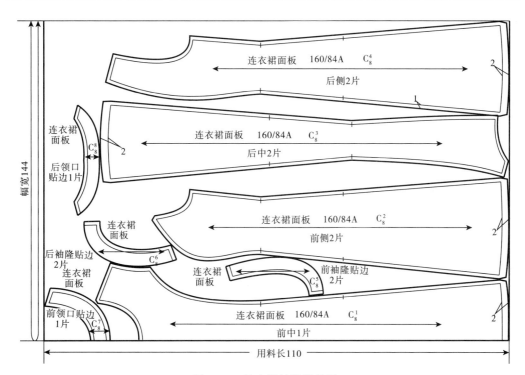

图 5-56　连衣裙放缝排料图

四、缝制工艺

（一）缝制工艺流程（图 5-57）

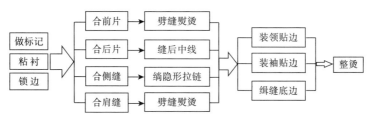

图 5-57　连衣裙缝制工艺流程

（二）缝制准备

1. 检查裁片

（1）检查数量：对照排料图，清点裁片是否齐全。

（2）检查质量：认真检查每个裁片的用料方向、正反形状是否正确。

（3）核对裁片：复核定位、对位标记，检查对应部位是否符合要求。

2. 画线

需要准确定位的部位，在裁片反面画线，如拉链止点位置、对位符号等。

（三）缝制说明

1. 粘衬、锁边

领口、袖窿贴边粘全衬，拉链开口部位也可以粘衬。先粘衬后锁边，衣片除领口、袖窿外全需锁边；贴边除领口、袖窿止口外全需锁边。

2. 合前片

缝合前分割线，前中片在上，前侧片在下，从下向上缉缝，在胸点附近略吃进前中片，腰节部位两片对齐，然后分烫劈缝，腰部拔开，胸部熨烫出胸部曲面，如图5-58所示。

3. 合后片

（1）合后分割线：后中片在上，后侧片在下，由下向上缉缝后分割线，腰节部位两片对齐，然后分烫劈缝，腰部拔开，如图5-59所示。

（2）合后中线：首先用熨斗将后中缝腰节以上弧线归拢顺直，然后左右两后片对齐缉缝，劈缝烫平。要求缉线顺直，熨烫平服。

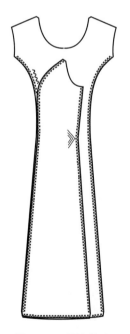

图5-58　缉缝前片

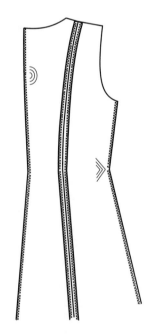

图5-59　缝合后片

4. 合侧缝

（1）合左侧缝：从拉链止点处起针、倒回针，缉 1cm 缝份至底边，分烫劈缝。

（2）缉拉链：换专用压脚缉隐形拉链，具体工艺及要求参见本章第一节中"隐形拉链缝制工艺"的内容。

（3）合右侧缝：由袖窿向下缉 1cm 缝份至底边，分烫劈缝。

5. 合肩缝

缝合肩缝，略吃进后片，并分烫劈缝。

6. 装贴边

（1）领贴边：首先合贴边肩缝，然后钩缝领口，沿领口净线外侧 0.1cm 缉线，略吃进裙片，弧线较大处需将缝份打剪口；为避免坐势，劈缝后再翻正贴边，裙片反吐 0.1cm，压烫止口。要求领口圆顺，不拧不皱，贴边不反吐。

（2）袖贴边：右侧贴边，合贴边肩缝、侧缝后，做法与领贴边相同；而左侧贴边不能合侧缝，钩缝完成翻正后，需用手针缭缝与拉链固定。

7. 固定贴边

三角针固定领口、袖窿贴边的外口，缭针固定左侧袖贴边的侧缝。

8. 缉缝底边

扣烫底边贴边 2cm，然后缉线固定贴边上口。要求底边折边要准确，止口圆顺，缝线顺畅，熨烫平服。

9. 整烫

领、胸部放在布馒头上熨烫好；侧缝及分割线处放平熨烫，完成后应无皱、无极光、无污。

五、思考与实训

（一）常规连衣裙缝制工艺练习

在规定时间内，按工艺要求完成一件连衣裙的裁制，规格尺寸自定。工艺要求及评分标准见表 5-15。

表 5-15　连衣裙工艺要求及评分

项目	工艺要求	分值
规格	允许误差：$B=\pm2.0$cm，$L=\pm2.0$cm	20
领口	领口圆顺、止口平薄、不反翘，贴边平服，不反吐	15
袖窿	止口顺直、平薄，贴边平服、不反吐	15
拉链	位置准确，缝份拼合，封口牢固，开启顺畅	15
合缝	缉线顺直，胸部吃量适当，圆顺无皱	15
底边	贴边宽窄一致，止口均匀，不拧不皱	10
整烫效果	无线头，无皱、无污、无黄、无极光	10

（二）拓展设计与训练

设计一款连衣裙，然后进行缝制，并写出设计说明书，主要内容包括：作品名称，款式图，款式说明，用料说明（面料和辅料），结构图和毛样板图（1∶5），工艺流程图，缝制工艺方法及要求等。

实践训练与技术理论——

课题名称：衬衫工艺

课题内容：衬衫部件、部位工艺的设计与制作

女衬衫缝制工艺

男衬衫缝制工艺

课题时间：24 课时

教学目的：本课程旨在提高学生的动手操作能力，理论联系实际的理解能力，掌握结构、样板与工艺之间的配伍关系，从而达到系统掌握服装结构的内涵，准确绘制服装样板，深刻理解服装的缝制质量要求。

教学方式：理论讲授、展示讲解和实践操作相结合，同时根据教材内容及学生具体情况灵活制订训练内容，加强基本理论和基本技能的教学，加强课后训练并安排必要的作业辅导。

教学要求：1. 掌握重要款式的部件缝制技术与方法。

2. 了解男、女衬衫面料的选购方法。

3. 掌握男、女衬衫样板的放缝要点、排料方法。

4. 掌握男、女衬衫的缝制流程和技术。

5. 掌握男、女衬衫的缝制工艺质量标准。

6. 了解衬衫缝制新工艺、新技术。

第六章 衬衫工艺

衬衫是穿在内外上衣之间，也可单独穿用的上衣。19 世纪 40 年代，西式衬衫传入中国。衬衫最初多为男用，20 世纪 50 年代渐被女子采用，现已成为常用服装之一。

按照不同的分类标准，可将衬衫分成不同类别。按照用途的不同，可分为配西装的传统衬衫和外穿的休闲衬衫；西式衬衫的领讲究而多变，按领式分类有小方领、中方领、短尖领、中尖领、长尖领和八字领等；按衣身分类，有直腰身、曲腰身，内翻门襟、外翻门襟、方下摆、圆下摆以及有背褡和无背褡等；按袖和袖克夫分类，有长袖、短袖，单袖克夫、双袖克夫等。但最明显的分类则是按照穿着对象的不同分为男衬衫和女衬衫。本章以男、女衬衫为例，具体介绍衬衫的缝制工艺。

第一节 衬衫部件、部位工艺的设计与制作

课前准备

　1. **材料准备**

（1）白坯布：部件练习用布，幅宽 160cm，长度 100cm。

（2）缝线：准备与面料颜色及材质相匹配的缝线。

（3）非织造黏合衬：幅宽 90cm，用量约为 50cm。

　2. **工具准备**

备齐制图常用工具与制作常用工具，相关模板，调整好缝纫机针距、面线底线张力等。

　3. **知识准备**

复习基础机缝工艺、服装结构与成衣工艺部分。

衬衫相关的部件有贴袋、袖开衩、门襟、领子等。

一、贴袋工艺

衬衫的口袋大多是贴袋，其特点是不破开面料，可缝贴在所需的任意部位，袋型可作多种变化，袋面可做多种装饰（褶裥、刺绣或贴布等），袋角可圆可方，袋盖可有可无，可以根据服装的款式特点进行设计，见表 6-1。

表 6-1 贴袋设计

类别	设计说明	设计实例	工艺分析
平贴袋	袋口为直线形,贴袋形状及大小根据款式设计,袋底可以是尖角、方角、切角、圆角等		袋口贴边连裁,向内或向外折边(卷边)缝;其他部位的毛边不处理,压缉缝钉袋
	袋口为曲折线形,贴袋形状及大小根据款式设计		袋口需要另缉明贴边或暗贴边,也可以滚边;其他三边不需要处理毛边,压缉缝钉袋
	贴袋表面加以装饰,可以采用加花边、拼接、缉线图案、贴布等形式,袋形根据款式需要设计		袋口毛边必须处理,表面附加装饰先完成,再压缉缝钉袋
立体贴袋	袋口采用叠裥或抽褶等方式增加口袋的空间感,同时具有装饰作用		先做袋面,再做袋口,压缉缝钉袋
	袋底角部采用收省、叠裥或抽褶等方式增加口袋的容量,具有较强的实用性		先做袋口,再做袋底角,贴袋成型后压缉缝钉袋
有袋盖贴袋	袋盖的形状、大小根据款式设计,与贴袋比例协调、形状搭配		袋盖止口采用双层钩压缝工艺,缉明线或暗缝在衣片上

　　贴袋是服装中工艺较简单、形式灵活多变的一类零部件,将袋布直接机缝或手缝在衣片表面,可以分为平贴袋、立体贴袋两类。

(一)平贴袋的制作工艺

　　平贴袋是指贴袋与衣片贴合在一起的贴袋,袋内只适合装较薄的物品,一般情况下,其装饰性大于实用性。袋口的形状不同,工艺也不同。如果借助工艺模板,平贴袋可以直接压缉缝在预定位置,不需要扣烫定型。

1. 直线袋口贴袋的工艺

直线袋口的贴袋，袋口贴边一般都连裁，向内折为暗贴边，向外折为明贴边。这里以尖角贴袋为例说明直线袋口贴袋的工艺，其制作工艺流程如图 6-1 所示。

图 6-1　尖角贴袋工艺流程

尖角贴袋的相关裁片如图 6-2（a）所示，制作过程如下：

（1）做记号：比对扣烫样板，在衣片上画出袋位标记，注意标记位置比实际钉袋位置双向向内偏进 0.2cm，以便钉袋后能够完全盖没标记。

（2）扣烫：贴袋布反面朝上平铺，找准位置放好扣烫样板；压住扣烫样板，先扣烫袋口贴边 3cm，然后将贴边对折扣净毛边；再烫其余袋边，如图 6-2（b）所示。扣烫过程中，注意扣烫样板不能在袋布上移动。

（3）钉袋：按要求位置钉袋，沿止口 0.1cm 压缝，两端封袋口为直角三角形，如图 6-2（c）所示。

（4）整烫：在衣片反面用力压烫，使口袋定型，注意袋布及衣片不能起皱。

贴袋的缝制要求口袋位置准确、端正，袋口牢固、左右封口对称，缉线整齐顺直，布面平整。

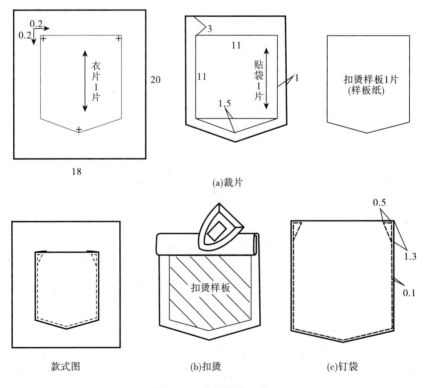

(a)裁片

款式图　　　　　　　(b)扣烫　　　　　　　(c)钉袋

图 6-2　尖角贴袋工艺

2. 弧形袋口贴袋的工艺

弧形袋口的贴袋，袋口处需要另缂贴边或者用滚条包裹。这里以圆角贴袋为例说明滚条式袋口工艺，其工艺流程如图6-3所示。

图6-3　圆角贴袋工艺流程

圆角贴袋的相关裁片如图6-4（a）所示，制作过程如下：

（1）做记号：比对贴袋扣烫样板，在衣片上画出袋位标记，注意标记位置比实际钉袋位置双向向内偏进0.2cm，以便钉袋后能够完全盖没标记。

（2）扣烫：贴袋布反面朝上平铺，找准位置放好贴袋扣烫样板；压住扣烫样板，扣净贴袋四周毛边，圆角区域采用缩扣烫技法；以同样方法扣烫滚条两侧毛边；抽掉

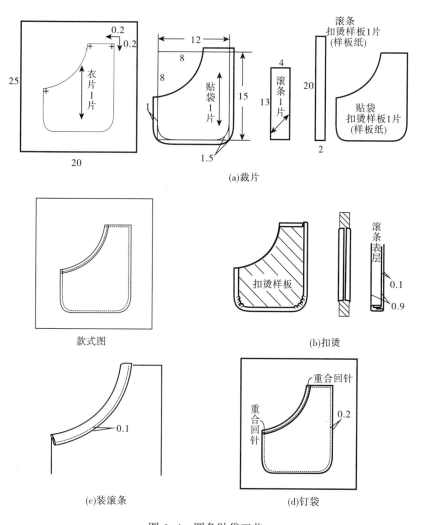

图6-4　圆角贴袋工艺

滚条扣烫样板，再双折压烫滚条，使其内层宽度略宽于表层，如图6-4（b）所示。扣烫过程中，注意扣烫样板不能移动。

（3）装滚条：用烫好的滚条包裹弧形袋口，骑缝固定，如图6-4（c）所示。注意袋口顶足滚条，不能漏缝内层。

（4）钉袋：按要求位置钉袋，沿止口0.2cm压缝，两端重合回针。

贴袋的缝制要求口袋位置准确，袋口滚条平服、无变形，钉袋牢固，缉线整齐顺直，布面平整。

（二）立体贴袋的制作工艺

立体贴袋是指与衣片不贴合的一类贴袋，其袋底角部采用收省、叠裥或抽褶等方式增加袋内空间，可以容纳体积较大的物品而且不影响外观，具有很强的实用性。这里以风琴式贴袋为例说明立体贴袋工艺。

1. 立体贴袋工艺流程

制作立体贴袋时，先做袋口，再做袋底角，贴袋成型后压缉缝钉袋，其工艺流程如图6-5所示。

图6-5　风琴式贴袋工艺流程

2. 制作工艺

风琴式贴袋的相关裁片如图6-6（a）所示，制作过程如下：

（1）做记号：比对贴袋扣烫样板，在衣片上画出袋位标记，注意标记位置比实际钉袋位置双向向内偏进0.2cm，以便钉袋后能够完全盖没标记。

（2）扣烫：借助扣烫样板，扣烫袋面及四周毛边。

（3）做袋口：卷边缝袋口，熟练之后可以从正面缉线。

（4）做袋底：缉缝袋角，留出1cm不缝（钉袋缝份），如图6-6（b）所示。

（5）缉袋边：沿烫好的袋面边缘缉线，距离止口0.1cm，如图6-6（c）所示。

（6）钉袋：摆正袋位，沿下层止口缉线0.1cm明线，如图6-6（d）所示。

（7）封袋口：袋口两端双层缉缝，封口宽度0.5cm，长度至袋口明线，如图6-6（e）所示。为了增强袋口牢度，可在衣片反面的对应位置加装支力布。

贴袋的缝制要求口袋位置准确，钉袋牢固，缉线整齐顺直，布面平整。

（三）工艺拓展

带盖的贴袋工艺、钉袋方法相同，另外制作袋盖。一般袋盖面全粘非织造黏合衬，双层钩压缝做净止口；钉袋盖时，将其上口毛边压在袋盖与衣片之间，保证正面无毛露，一般缝两条线，先正面相对缉线钉袋盖，然后翻下袋盖，正面缉线固定缝份。

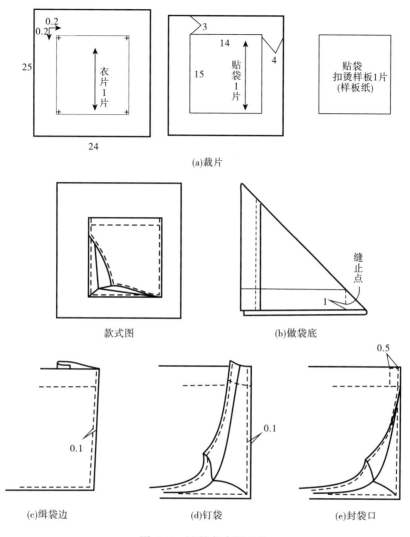

图 6-6　风琴式贴袋工艺

二、袖开衩工艺

为了穿脱方便，衬衫袖口需要开衩。从工艺特征看，开衩可以分为剪开式与分开式，袖开衩的设计见表 6-2。

表 6-2　袖开衩设计

类别	设计说明	设计实例			工艺分析
剪开式	外观呈现缺口，开衩形状有直线形或曲线形，多用于女衬衫。衩口还可以装拉链				用贴边做净剪开的衩口，暗贴边工艺

续表

类别	设计说明	设计实例	工艺分析
剪开式	衩口有滚条包裹，两侧刚好拼合，衩条内可以加花边装饰，多用于女衬衫和儿童衬衫		用滚条做净剪开的衩口
	开衩一侧或者两侧有镶边，衩口形成重叠，镶边的上端形状呈尖角或平头状，多用于男衬衫。开衩也可以设计成圆角加入装饰		用镶边做净剪开的衩口
分开式	开衩位于分割线上，多用于女衬衫、儿童衬衫		折边或者卷边缝做净留出的衩口毛边，或者绲贴边

袖口开衩位于袖口对应肘突的部位，如果该位置有分割线，就可以做分开式袖衩；如果没有分割线，则需要纵向剪开，做剪开式袖衩。分开式袖衩工艺可以参考第五章中"裙开衩工艺"的内容，这里主要介绍剪开式袖衩工艺。剪开式袖衩工艺主要是处理剪开口的毛边，通常可以采用贴边、滚边、镶边等工艺。

（一）贴边式袖衩工艺

贴边式袖衩多用于女衬衫，用贴边做净剪开口的毛边，完成后袖开衩中间出现空隙。

1. 制作工艺流程（图6-7）

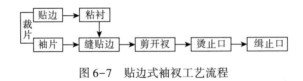

图6-7　贴边式袖衩工艺流程

2. 制作工艺

贴边式袖衩的相关裁片如图6-8（a）所示，具体制作过程如下：

（1）贴边准备：贴边反面全粘非织造黏合衬，除袖口外其他边锁边。

（2）缝贴边：贴边与袖片在开衩部位正面相叠，沿开衩缉线，两侧各留出 0.3 ～ 0.5cm 缝份，开衩止点处缉圆弧形，如图 6-8（b）所示。

（3）剪开衩：沿开衩线剪开，圆头处打小剪口。

（4）烫止口：贴边翻至反面烫平，圆头部位略微用力撑展，要求开衩上端平服，止口不反吐。

（5）缉止口：袖片翻至正面，距离开衩边 0.1cm 缉线，如图 6-8（c）所示。要求缉线顺直，止口均匀。

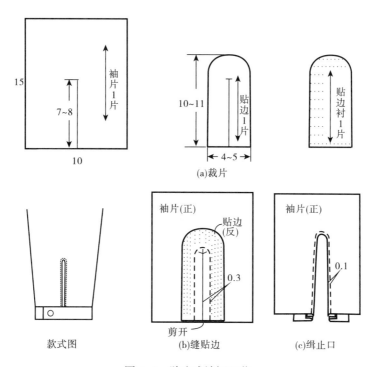

图 6-8　贴边式袖衩工艺

（二）滚边式袖衩工艺

滚边式袖衩多用于女衬衫、儿童衬衫，用滚条包裹剪开口的毛边，完成后袖开衩中间刚好拼合。

1. 制作工艺流程（图 6-9）

图 6-9　滚边式袖衩工艺流程

2. 制作工艺

滚边式袖衩的相关裁片如图 6-10（a）所示，具体制作过程如下：

（1）烫衩条：如图 6-10（b）所示，衩条两侧扣烫毛边 0.4 ～ 0.5cm，再双折熨烫，使内层止口比表层宽出 0.1cm，防止缉滚条时漏缝下层。

（2）剪开衩：直线剪开袖口开衩9~10cm。

（3）缉衩条：拉直开衩，衩条夹住袖片做骑缝（注意开衩顶足滚条），缉至袖衩止点横向标记后逐渐减小缝份，继续缉至开衩止点纵向标记处停车，保持机针的低位以便固定袖衩，调整方向后缉缝另一侧开衩，如图6-10（c）所示。要求不能漏缉袖片和下层衩条，缉线止口均匀（0.1cm），开衩平服。

（4）封上口：从反面将衩条转折处斜向封三角，注意封口线迹不能超出缉缝衩条的线迹，如图6-10（d）所示。要求开衩平服、封口牢固。

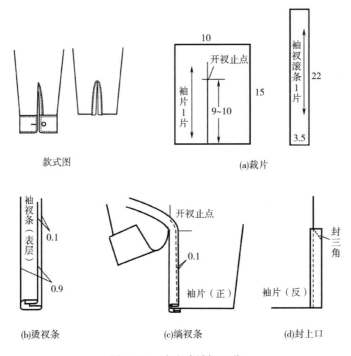

图6-10　滚边式袖衩工艺

（三）镶边式袖衩工艺

镶边式袖衩分为单侧镶边和双侧镶边，用镶边做净剪开口的毛边，完成后袖开衩两侧出现重叠。男衬衫中最常见的宝剑头袖衩即采用单侧镶边工艺，门襟一侧是镶边，里襟一侧是滚边。这里以宝剑头袖衩为例，说明镶边式袖衩工艺。

1. 制作工艺流程

宝剑头袖衩的制作工艺流程如图6-11所示。

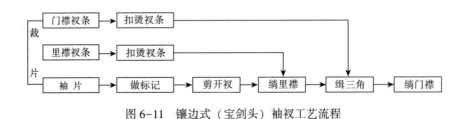

图6-11　镶边式（宝剑头）袖衩工艺流程

2. 制作工艺

宝剑头袖衩的相关裁片如图6-12（a）所示，具体制作过程如下：

（1）扣烫衩条：按净样裁制袖衩条的扣烫样板（净样板），扣烫袖衩条的缝份（袖口处不烫），再折叠熨烫，使内层比表层宽出0.1cm，如图6-12（b）所示。

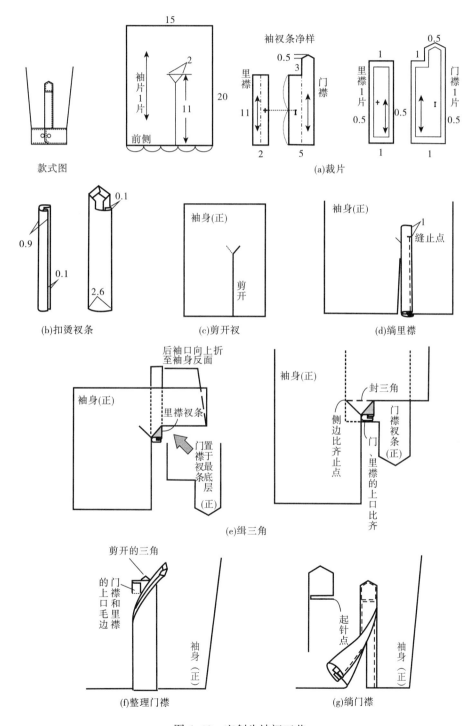

图6-12　宝剑头袖衩工艺

（2）剪开衩：如图 6-12（c）所示，剪 "丫" 形开衩。初学者操作时，建议只剪开后侧的分衩。

（3）绱里襟：里襟衩条夹住后侧衩口绱缝至开衩止点，绱线宽 0.1cm（注意不能漏绱下层），如图 6-12（d）所示。

（4）绱三角：如图 6-12（e）所示，将里襟衩条及后袖口部分向袖片反面折进，露出开衩三角；将门襟衩条展开置于下层，注意正面朝上、宝剑头指向袖口方向；沿三角的底边与里襟衩条、门襟衩条的内层上口同时绱缝固定。

（5）绱门襟：如图 6-12（f）所示，翻出后侧袖口，整理门襟衩条；如图 6-12（g）所示，门襟衩条夹住前侧衩口，从封口处起针绱线 0.1cm。要求绱线顺直、袖衩平服、正反面无毛露，上口牢固。

（四）工艺拓展

如图 6-13 所示，该款袖衩采用双侧镶边工艺，开衩两侧对称，圆角区域镶边叠裥，增强了装饰性。

制作时，双层镶边先叠裥定型，然后在袖片上剪出开口，上端三角宽度与镶边净宽一致，两侧留 1cm 缝份；双层镶边与袖片正面相对，上下层比齐，沿边 1cm 缝合一周；反面封上口三角，缝份锁边。

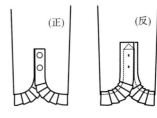

图 6-13　双层镶边袖衩款式

三、门襟工艺

门襟是为服装穿脱方便而设的开口，是服装中最醒目的部位之一。从工艺的角度，门襟可以分为全开和半开两大类，门襟的款式多种多样，具体设计见表 6-3。

表 6-3　门襟设计

类别	设计说明	设计实例	工艺分析
全开门襟	常用门襟为直线形，左右对称，门襟贴边可以向内折、向外折，还可以做三层贴边，即暗门襟		连接并固定贴边，内折门襟通过锁扣眼、钉扣固定，外折贴边、暗门襟贴边需要绱明线固定

类别	设计说明	设计实例	工艺分析
全开门襟	门襟形状也可以设计为曲线和折线状，左右形状可以不对称；门里襟的重叠量也可以变化，开襟、对襟、单排扣门襟、双排扣门襟等		门襟宽窄不同，单叠门又分成明门襟和暗门襟，按不同门襟工艺处理；门襟裁剪成不同形状，以贴边或滚边方式处理
半开门襟	所在部位可为前身、后身、肩部及腋下等		半开襟工艺与剪开式袖衩工艺相似

门襟工艺主要是做净衣片开口处的毛边，并加入必要的开合组件，实现分开和闭合的功能。

（一）全开门襟工艺

全开门襟是指服装的开口纵向贯穿整个衣身，左右衣片可以完全分开。具体工艺与门襟的形状、层次等有关系，下面介绍几种典型的门襟工艺。

1. 明门襟工艺

明门襟多用于休闲衬衫，对称的直线门襟。门襟贴边固定在衣身表面，两侧对称缉明线。通常需要先扣烫门襟，然后将门襟固定在衣片上。工艺要求门襟平服，宽度一致，缉线顺直。由于固定方式不同，明门襟工艺又分为以下三种。

（1）连裁式：连裁式明门襟是将与衣片连裁的贴边直接外翻做门襟，只能用于正反面相同的面料，批量生产时很少采用此方法，具体制作方法如下：

①裁片：左衣片连裁明门襟（注意领口弧度），如图6-14（a）所示。需要硬挺效果的话，贴边区域可以粘非织造黏合衬。

②扣烫：比齐上下止口标记，向衣片正面折转贴边，借助扣烫样板，熨烫门襟两侧的止口。注意不能顺门襟长度方向推熨斗，以免止口变形。

③固定门襟贴边：如图6-14（b）所示，距离门襟贴边两侧止口0.1cm分别缉线。建议初学者先缉门襟止口一侧，再缉贴边止口一侧，以防门襟贴边错位。

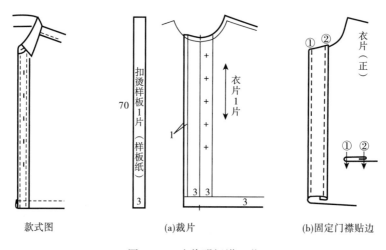

| 款式图 | (a)裁片 | (b)固定门襟贴边 |

图6-14　连裁明门襟工艺

（2）单层另装式：单层另装式门襟是最常见的明门襟，门襟贴边另裁，缝合固定在衣片外面，具体制作方法如下：

①裁片：如图6-15（a）所示，裁出相关裁片。门襟条一般沿长度方向取经向，格子面料有时也取斜纱向。需要硬挺效果的话，门襟条可以全粘非织造黏合衬。

②扣烫：借助扣烫样板，熨烫门襟内侧的止口缝份1cm。注意不能顺门襟长度方向推熨斗，以免止口变形。

③钩缝门襟：将门襟条（正）与左衣片（反）相叠，上下层比齐钩缝止口，缝份

1cm，如图 6-15（b）所示。

④翻正：劈开止口缝份，翻正门襟条，压烫止口，如图 6-15（c）所示。注意门襟条略有反吐。

⑤固定门襟：距离门襟两侧止口 0.1cm 分别缉线，如图 6-15（d）所示。

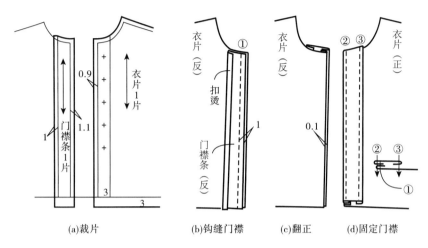

图 6-15　单层另装式明门襟工艺

（3）双层另装式：双层另装式明门襟是将明门襟部位的双层另裁，骑缝在衣片上。这种方法工艺难度大，具体制作方法如下：

①裁片：如图 6-16（a）所示，裁出相关裁片。需要硬挺效果的话，门襟条可以全粘非织造黏合衬。

②烫门襟：借助扣烫样板，熨烫门襟条两侧的止口缝份；将门襟条双折压烫，使内层止口比表层宽出 0.1cm，如图 6-16（b）所示。注意不能顺门襟长度方向推熨斗，以免止口变形。

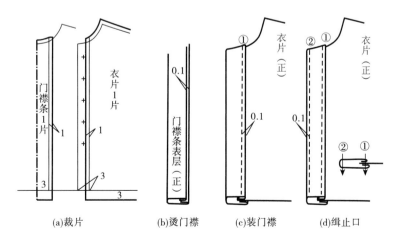

图 6-16　双层另装式明门襟工艺

③装门襟：将门襟条与衣片骑缝，缝合过程中注意确认衣片缝份保持 1cm，如图 6-16 （c） 所示。注意需要五层一并缝合，门襟条上下层易出现较明显的错位，这是工艺难点。

④缉止口：距离门襟止口 0.1cm 缉线，如图 6-16 （d） 所示。

2. 圆角对襟工艺

圆角对襟多用于中式衬衫，衣片左右对称，对合于前中线，搭门另装，外观看不到。圆角门襟的贴边需要另裁，左里襟夹装搭门，右门襟夹装本布制的纽襻，其制作工艺流程如图 6-17 所示。

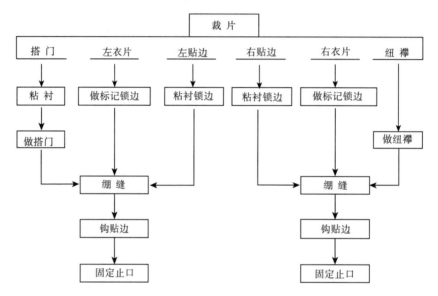

图 6-17　圆角对襟制作工艺流程

圆角对襟的相关裁片如图 6-18 （a） 所示，具体制作方法如下：

（1）准备：贴边及搭门粘衬，衣片门襟止口正面划定位记号，衣片肩缝及侧缝锁边。

（2）做搭门：钩缝搭门两端，然后翻正烫实。

（3）做纽襻：顺长度钩缝纽襻条，翻正并四等分剪断。

（4）绷缝：如图 6-18 （b） 所示，将纽襻按照定位标记绷缝在右衣片的门襟止口处（正面），将搭门绷缝在左衣片的止口处（正面）。

（5）钩贴边：将贴边与衣片正面相叠，比齐边缘钩缝，缝份 1cm，底边圆角处略吃进衣片，如图 6-18 （c） 所示。

（6）固定止口：翻正衣片，止口处衣片反吐 0.1~0.2cm，熨烫平服，缉双线，如图 6-18 （d） 所示。

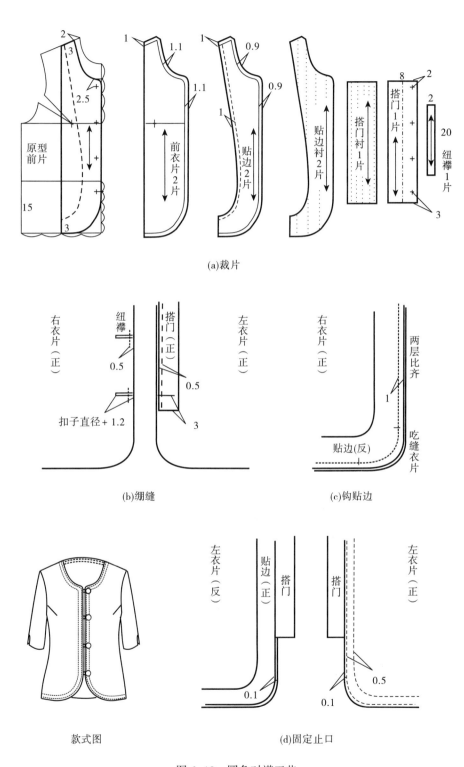

(a)裁片

(b)绷缝

(c)钩贴边

款式图

(d)固定止口

图 6-18　圆角对襟工艺

(二) 半开门襟工艺

1. 制作工艺流程

半开门襟多用于男、女T恤、毛衣等，需要在完整的衣片上剪开一定长度的开口，其制作工艺流程如图6-19所示。

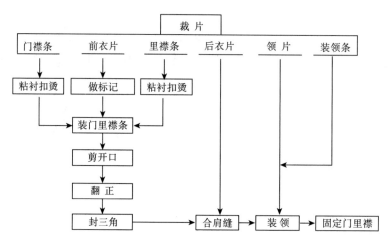

图6-19 半开门襟工艺流程

2. 制作工艺

半开门襟的相关裁片如图6-20（a）所示，具体缝制工艺如下：

（1）准备：门、里襟粘全衬，沿中线对折烫好，并扣烫其中一侧的缝份0.9cm；在衣片上做出开口位置标记。

（2）装门、里襟条：将门、里襟对称装在开口两侧（缝缝未扣烫的一侧），起落针重合回针，如图6-20（b）所示。

（3）剪开口：从领口开始沿门、里襟之间的中线剪"丫"形开口，如图6-20（c）所示。注意剪三角时必须将门、里襟片掀开，三角正好剪到距离最后一个针眼1~2根布丝处。

（4）翻正门、里襟：门、里襟分别从剪口处翻正，缝份分别倒向门、里襟。

（5）封三角：掀开衣片，摆正门、里襟，沿三角底边缉线，重复缉三次，如图6-20（d）所示。要求缉线正好到位，偏上会使正面横向打褶，偏下会使三角根部毛露。

（6）合肩缝：缝合前后衣片的肩缝，劈开缝份。

（7）装领：采用滚条式装领工艺。门襟、里襟的贴边按止口线位置向正面折转，衣领夹在两层中间，装领条在最上层，领的两端分别与衣片领口剪开处对齐；上下层边缘比齐、沿领口缝合0.7cm，如图6-20（e）所示；翻正贴边，装领条包卷装领缝份后与衣片固定，距离止口0.1cm缉线，如图6-20（f）所示。

（8）固定门、里襟：翻正门、里襟，沿止口缉明线固定，注意下层不能漏缝，如图6-20（g）所示。

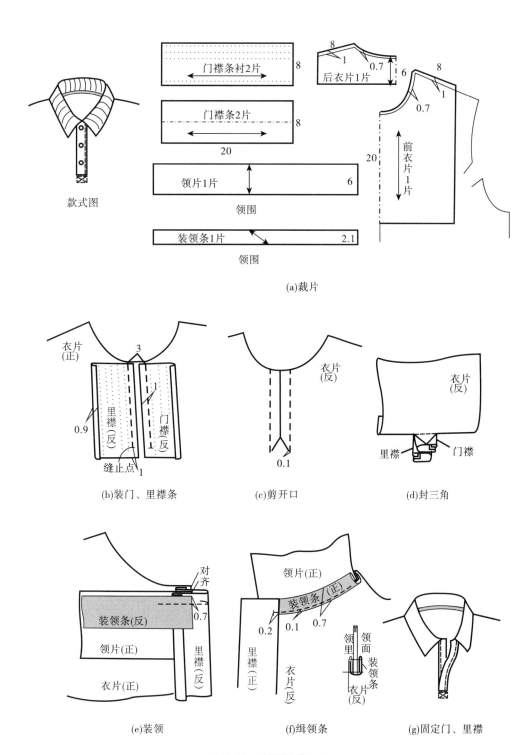

图 6-20 半开门襟工艺

(三) 工艺拓展

暗门襟是双层门襟，共由四层组成（两两做净），扣眼打在内层门襟上，扣合后衣片表面看不到纽扣，但是会看到固定内层门襟的线迹。常见的暗门襟有外翻式和内翻式两种，其制作方法如图6-21所示。

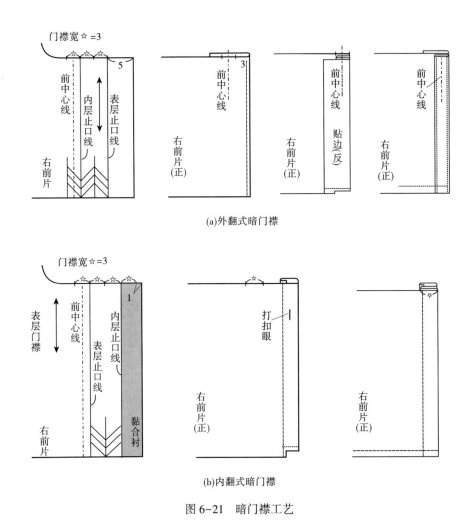

图 6-21　暗门襟工艺

四、领子工艺

领子是上衣中最接近人面部的部分，处于视觉中心，在服装的国家标准中，衬衫前领角区域被定为0级，即对整体外观影响最强烈的部位，可见其重要性。根据外观特征的不同，将领子分为无领、立领、翻领和立翻领四种基本类型。领子的相关设计见表6-4。

表 6-4　领子设计

分类	设计说明	设计实例	工艺分析
无领	领口可以设计为方形、V形、圆形或不规则形状，多用于女式无袖、短袖衬衫		领口采用贴边工艺
立领	可以设计立领的高度、领角的形状、与颈部的贴合程度，领面可以做装饰性设计，是中式服装的经典领型，也用于男式休闲衬衫		双层领片钩缝止口或包滚条，骑缝绱领；表面没有线迹的需要手针暗缝
翻领	平翻领、两用领也都属于翻领，翻领的宽度、领角的形状等可进行整体化设计，领面也可以做装饰性设计，多用于女衬衫及儿童衬衫		双层领片钩缝止口，骑缝绱领或滚条式绱领
立翻领	将立领和翻领组合形成的领型，可以综合这两类领型的设计，中性化风格，多用于男衬衫、女式休闲衬衫		翻领与立领的工艺组合，骑缝绱领

领子的外观重要性决定了领子工艺的高精度、高要求，这里介绍几种经典领型的制作工艺。

（一）立领工艺

不同款式的立领，表面有无线迹，对制作工艺影响很大。

1. 衬衫立领

衬衫立领属于休闲风格，领子的四周缉有明线，一般不与颈部贴合，其制作工艺流程如图 6-22 所示。

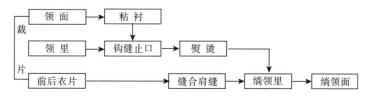

图 6-22　衬衫立领工艺流程

衬衫立领的相关裁片如图6-23（a）所示，具体制作方法如下：

（1）粘衬：领面粘衬。

（2）做领：钩缝领里、领面，缝份1cm，注意领角处略吃进领面；修剪止口缝份至0.7cm；扣烫领面下口缝份，翻至正面，熨烫止口（注意领面略反吐），如图6-23（b）所示。

（3）绱领：前后衣片缝合肩缝；骑缝绱领，先绱领里；然后将立领翻上，所有缝份夹在两层领片之间，沿领面的下口缉线，距离止口0.1cm，刚好盖没绱领里的缝线，再顺缉领上口明线，缉线宽度根据工艺要求而定，如图6-23（c）所示。

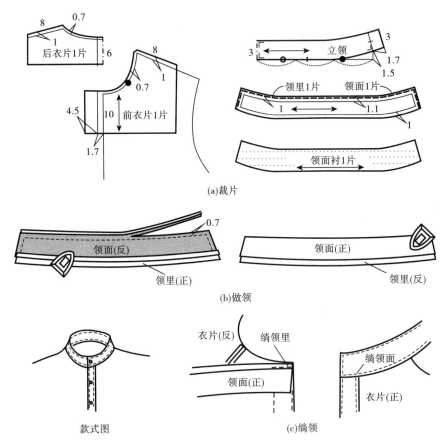

图6-23　衬衫立领工艺

2. 中式立领

中式立领的表面没有明线，与颈部的贴合较好，其制作工艺流程如图6-24所示。

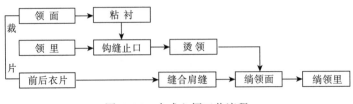

图6-24　中式立领工艺流程

中式立领的相关裁片如图 6-25（a）所示，具体制作方法如下：

（1）粘衬：领面全粘机织布黏合衬，操作时先粘中部，然后扶起后中领片，分别向两端熨烫，围成立体状，烫出两端窝势。裁剪领面、领里、领面的机织布黏合衬（净衬），领面略大于领里。

（2）钩缝：沿净线让出 0.1cm 钩缝领面与领里，两端缝至下口净线处，缝合领角区域时稍拉紧领里，做出领角窝势，借助工艺模板钩缝效果更好；修剪缝份呈阶梯状，领面留 0.5cm，领里留 0.3cm，如图 6-25（b）所示。

（3）烫领：翻至正面，熨烫领止口，领面止口吐出 0.1cm，如图 6-25（c）所示。要求领止口无坐势，领角两端圆顺对称。

（4）绱领：将领面下口缝份修剪为 0.7cm，然后绱领面，缲领里，如图 6-25（d）所示。

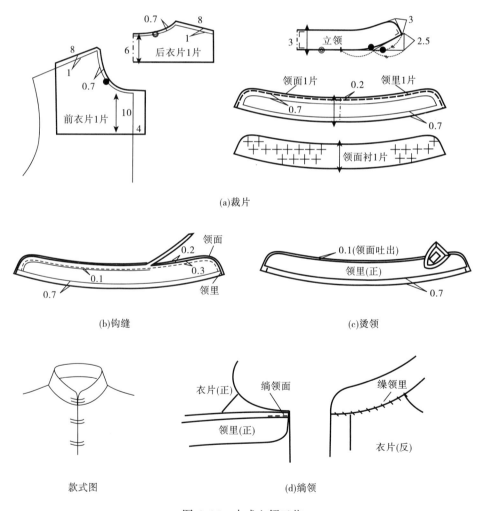

(a)裁片

(b)钩缝

(c)烫领

款式图

(d)绱领

图 6-25　中式立领工艺

（二）翻领工艺

1. 尖角翻领

尖角翻领多用于女衬衫，其制作工艺流程如图 6-26 所示。

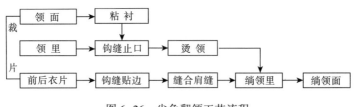

图 6-26　尖角翻领工艺流程

尖角翻领的相关裁片如图 6-27（a）所示，具体制作方法如下：

（1）粘衬：领面粘衬，先粘中部，然后扶起领子，分别向两端熨烫，最后烫领角，注意烫出领角窝势。

（2）钩缝领止口：如图 6-27（b）所示，领面在上、领里在下钩缝领止口，上、下层边缘对齐；沿领面净线外 0.1cm 钩缝，两端缝至领下口净线处，领角处拉紧领里，吃进领面，做出领角窝势。借助工艺模板缝制可以降低操作难度。

（3）烫领：将领角区域的缝份修剪至 0.3cm，翻正领子并烫实止口，注意领面止口吐出 0.1cm；为保持领角窝势，熨烫时应左手向上扶起领的中部、右手执熨斗，边烫边由领角处退出，如图 6-27（c）所示。要求领角圆顺对称、自然窝服，止口顺直、无坐势。

（4）钩缝贴边：如图 6-27（d）所示，先将门襟、里襟的贴边按止口线位置向正面折转，钩缝搭门的上口，缝份 0.6cm；在绱领点以内，在领口缝份上斜向打剪口，剪至距离缝线止点 0.2cm 处；翻正贴边，留出绱领缝份。

（5）绱领：缝合前后衣片的肩缝，劈缝烫平；骑缝绱领，先里后面，如图 6-27（e）所示。

2. 两用领

两用领也称为开关领，第一粒扣子可以扣合，是普通翻领的效果；也可以不扣，与贴边一起翻开，是翻驳领的效果。与尖角翻领的制作方法略有不同，其工艺流程如图 6-28 所示。

两用领的相关裁片如图 6-29（a）所示，具体制作方法如下：

（1）粘衬：领面全粘非织造黏合衬。

（2）做领：如图 6-29（b）所示制作翻领，根据工艺要求，正面沿止口缲明线 0.2cm。另外，为绱领方便，领面下口缝份需要打剪口：在贴边的领口上量取"▲"的量，然后在领面下口的相应位置打剪口，并且扣烫两剪口之间的下口缝份（0.7cm）。

（3）绱领里：如图 6-29（c）所示，领里与衣片正面相对，对正绱领止点、侧颈点、后中点；将门、里襟贴边按止口线位置反折，盖在领面上，0.7cm 缝份绱缝；分别在距离门、里襟贴边里口线 1cm 处打剪口。

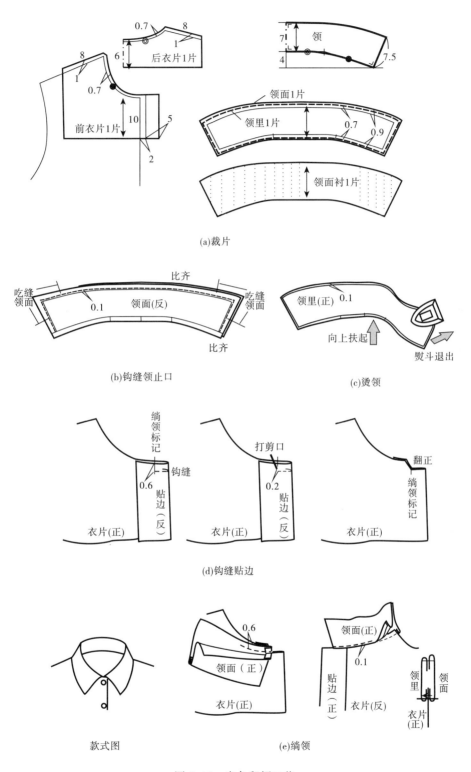

图 6-27 尖角翻领工艺

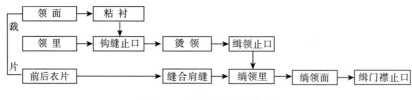

图6-28　两用领工艺流程

（4）绷领面：如图6-29（d）所示，翻正贴边，将绷领缝份塞入两层领片之间，注意不能有坐势；整理领面，扣烫好的下口刚好盖住领里绷领线，0.1cm绷缝固定下口。

（5）缉门襟止口：如图6-29（e）所示，与翻领止口一致，正面沿门襟止口缉明线0.2cm。

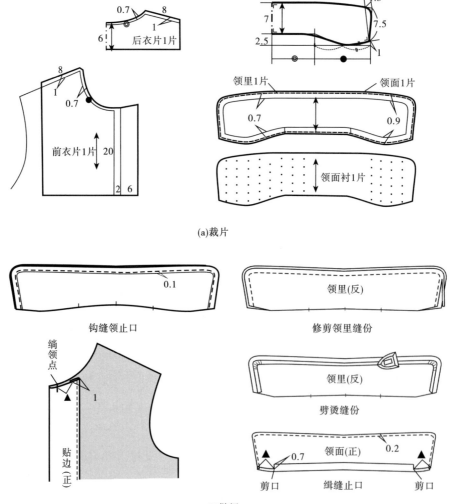

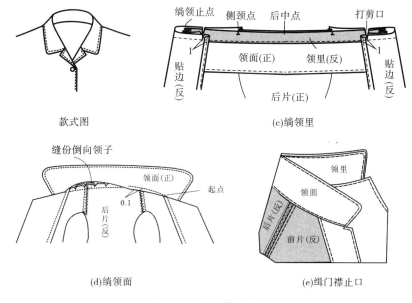

款式图

(c)缭领里

(d)缭领面

(e)缉门襟止口

图 6-29　两用领工艺

（三）立翻领工艺

1. 制作工艺流程

立翻领多用于男式衬衫，由翻领和领座两部分组成，其制作工艺流程如图 6-30 所示。

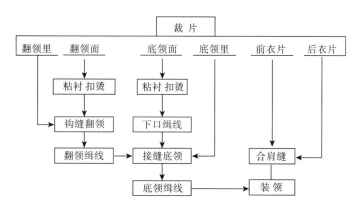

图 6-30　立翻领工艺流程

2. 制作工艺

立翻领的相关裁片如图 6-31（a）所示，具体制作方法如下：

（1）准备：翻领面需要全衬，有时还需要领角加强衬（净衬），底领衬下口为净缝。翻领面粘衬时，先粘中部，然后拎起领面粘领角，使领角自然有窝势。底领面粘衬时，对齐上口和两端平粘，然后扣烫下口缝份（0.7cm），如图 6-31（b）所示。要求黏合牢固，无起泡、无皱缩。

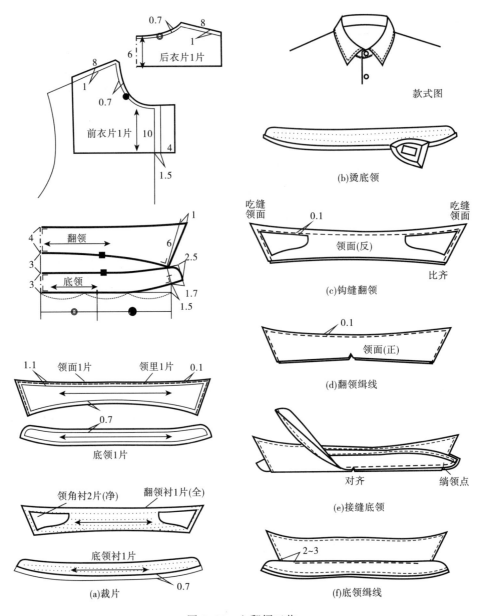

图6-31　立翻领工艺

（2）钩缝翻领：沿领面衬净线外侧0.1cm钩缝两端及上口，缝领角时需稍拉紧下层领里，做出自然窝势，如图6-31（c）所示。要求起落针回针牢固，两领尖不缺针，两角对称，借助缝制模板可以降低操作难度，保证工艺质量。

（3）翻正：修剪领角处缝份至距缉线0.2cm，将缝份折转，领子翻正，用锥子尖沿线迹翻出尖角。要求两尖角无毛露，大小一致，两角自然窝服。

（4）烫翻领：领里朝上，由外口向内口熨烫。要求止口烫平，整齐不外吐，无坐势，领子左右对称，保持领角窝势。

（5）翻领缉线：缉线位置依工艺要求而定，和衬衫其他部位一致。缉缝时领面在上，需要边绱边推送领面，绱好的翻领对折并在下口中间处打剪口（0.2cm），如图 6-31（d）所示。要求领角外口 10cm 内不可接线，领尖绱足，线迹整齐，无跳针；领面平整、不反吐；两角保持自然窝势。

（6）下口绱线：将烫好的底领面下口绱线 0.6cm，并在两片底领上口中间做对位标记。要求绱线顺直，止口均匀，两端 1/3 内不可接线。

（7）接缝底领：翻领夹在底领里和面中间，沿底领衬净线外侧 0.1cm 绱合。注意对齐四层的中间剪口和两端绱领点，下层不可有吃势，如图 6-31（e）所示。要求起落针回针，缝份宽窄均匀，绱线顺直，两端对称。接缝底领时可以使用底领模板。

（8）翻烫底领：先修剪圆头处缝份，约留 0.3cm，翻出圆头，翻正底领里和面，并压烫止口。要求底领圆头圆顺、美观，左右对称，止口不反吐、无坐势。

（9）底领绱线：沿翻、底领接合处，在底领一侧绱线 0.1cm，起落针均在翻领两端内侧 2~3cm 处（便于隐蔽绱线的接口），如图 6-31（f）所示。要求线迹整齐、顺直，反面平服，无漏缝。

五、思考与实训

（一）常规部件工艺练习

1. 练习明缝尖角贴袋、暗缝圆角贴袋、明缝风琴式贴袋工艺。
2. 练习贴边式袖衩、滚边式袖衩、宝剑头袖衩缝制工艺。
3. 练习半开门襟缝制工艺。
4. 练习尖角翻领与立翻领缝制工艺。

（二）拓展设计与训练

根据各零部件设计要素，对各零部件进行创新设计，并缝制完成。

第二节　女衬衫缝制工艺

课前准备

1. 材料准备

（1）面料：

①面料选择：女衬衫适合的材料比较多，精梳全棉（泡泡纱、细平纹布、牛津布、格子布）、真丝双绉、涤棉、麻、化纤织物、薄型毛料等均可，可根据用途以及穿着场合进行选择，挑选时以轻、薄、软、爽、挺、透气性好较为理想。

②面料用量：幅宽 144cm，用量为衣长+袖长+10cm，约为 120cm。幅宽不同时，根据实际情况酌情加减面料用量。

（2）其他辅料：

①纽扣：8 粒树脂纽扣，颜色、图案要与面料相配，大小与衬衫整体相协调。

②无纺衬：幅宽 90cm，用量约为 60cm。

③缝线：准备与使用布料颜色及材质相符的缝线。

④打板纸：整张绘图纸 3 张。

2. 工具准备

备齐制图常用工具与制作常用工具。

3. 知识准备

提前准备女装上衣原型衣片净样板，复习女衬衫样板绘制的相关知识。

一、款式特征概述

本款女衬衫为圆角翻领，6 粒扣，腋下收胸省，外观较合体，略收腰；泡泡袖，袖口抽细褶，滚边式袖衩，方角窄袖克夫，圆下摆，如图 6-32 所示。

图 6-32 女衬衫款式图

二、结构制图

1. 制图规格（表 6-5）

表 6-5 女衬衫规格

单位：cm

号型	胸围（B）	后衣长（L）	袖长（SL）	袖口大	袖克夫宽
160/84A	84+12（放松量）	58	52	24	3

2. 衣身原型的调整

应用新文化式原型进行女衬衫样板的绘制，首先需要对原型衣片中的胸省、肩省进行转移处理，如图 6-33 所示。

（1）后衣身：原型中后肩省的 1/3 转移至袖窿，作为后袖窿松量。

（2）前衣身：原型中胸省的 1/3 留为前袖窿松量，2/3 转移至腋下。

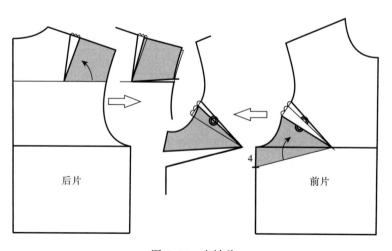

图 6-33 省转移

3. 女衬衫结构制图

女衬衫衣身结构如图6-34所示，袖片与领片结构如图6-35所示。

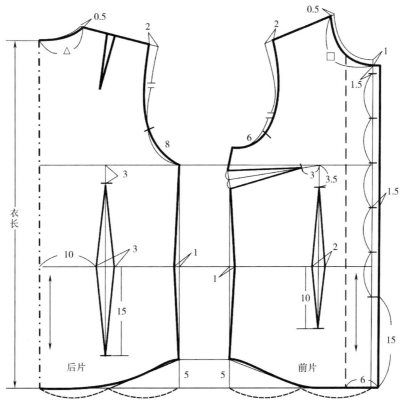

图6-34　女衬衫衣身结构图

三、放缝与排料

女衬衫全套样板明细见表6-6。

表6-6　女衬衫样板明细

项目	序号	名称	裁片数	标记内容
面料样板（C）	1	前衣片	2	纱向、省位、腰围线、缩袖对位点
	2	后衣片	1	纱向、省位、腰围线、缩袖对位点
	3	衣袖	2	纱向、缩袖对位点
	4	领面	1	纱向
	5	领里	1	纱向
	6	袖克夫	2	纱向
	7	袖衩滚条	2	纱向

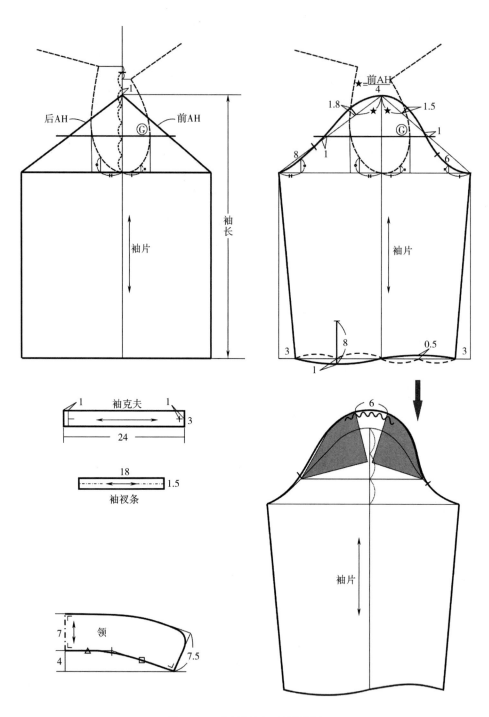

图6-35 女衬衫领、袖结构图

面料放缝与排料如图 6-36 所示，图中未特别标明的部位放缝量均为 1cm。

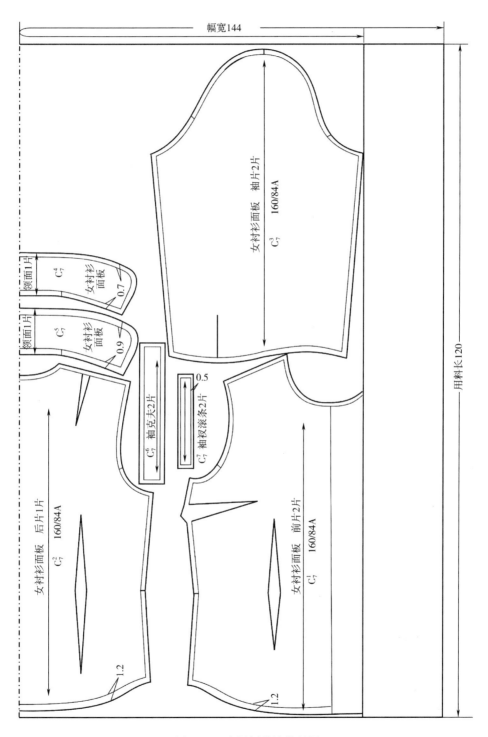

图 6-36　女衬衫放缝排料图

四、缝制工艺

(一) 工艺流程图 (图6-37)

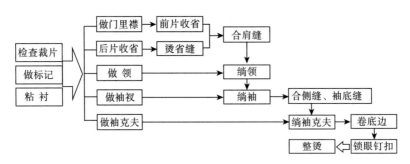

图6-37 女衬衫缝制工艺流程

(二) 缝制准备

1. 检查裁片

(1) 检查数量：对照排料图，清点裁片是否齐全。

(2) 检查质量：认真检查每个裁片的用料方向、正反、形状是否正确。

(3) 核对裁片：复核定位、对位标记，检查对应部位是否符合要求。

2. 做标记

按照样板在前、后片有省道的部位标出省位，袖子上标出袖衩的位置；在前中止口线处做剪口标记。

(三) 缝制说明

1. 粘衬

前片贴边部分和领面粘无纺衬，具体要求见以下工艺说明。

2. 做门里襟

(1) 粘衬：前片贴边粘衬，要求超出前中心线 0.7cm。

(2) 缉边：将门、里襟贴边扣烫 1cm，沿折边线缉缝 0.1cm 固定，如图 6-38 所示。

(3) 扣烫贴边：从上向下沿止口线扣烫门、里襟，建议借助扣烫样板。要求止口顺直、不还口。

3. 收省

缉胸省、后肩省和腰省。要求缉线顺直，起针回针，省尖缉尖，左右对称。前、后腰省分别向前中、后中烫倒，腋下

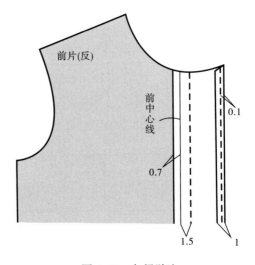

图6-38 扣烫贴边

省向上烫倒，如图6-39所示。烫省时省尖部位要烫圆，不能有褶皱，烫好的省缝要顺直。

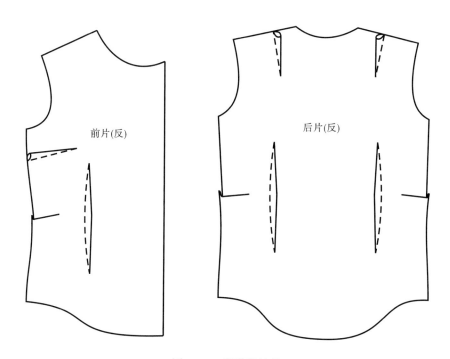

图6-39 省道的处理

4. 合肩缝

前、后肩缝正面相对，1cm缝份绱缝，前片在上、略吃进后片，顺直绱线，起落针回针；肩缝缝份双层锁边，向后片烫倒。

5. 做领

翻领工艺参见第一节"四、领子工艺"的内容。

6. 绱领

绱领工艺参见第一节"四、领子工艺"的内容。

7. 做袖衩

袖衩工艺参见第一节"二、袖开衩工艺"的内容。

8. 绱袖

（1）袖山抽褶：采用大针距，距袖底点6~7cm，沿边0.5cm绱缝抽细褶，褶量主要集中在袖山头部分。要求褶量分配恰当，袖山饱满，如图6-40所示。

（2）绱袖：袖片在上，衣片在下，正面相对，对准剪口，1cm缝份缝合，如图6-41所示。

（3）包缝：两层缝份同时锁边，缝份倒向袖子一侧，不能熨烫。

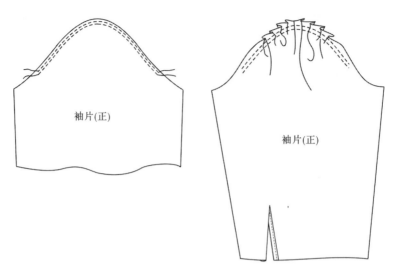

图 6-40　袖山抽褶

9. 合侧缝、袖底缝

前、后衣片正面相对，侧缝和袖底缝连贯缝合。由底边起针，袖底十字缝对齐，松紧一致，缉至袖口，缝份 1cm；然后将缝份双层锁边，并向后片烫倒，如图 6-42 所示。

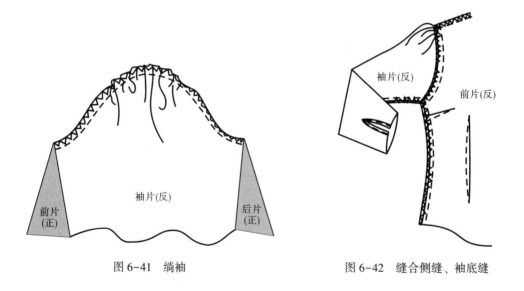

图 6-41　绱袖　　　　　　　　　　图 6-42　缝合侧缝、袖底缝

10. 绱袖克夫

（1）袖口抽褶：袖口抽细褶，操作时采用大针距，右手轻抵压脚后端袖口，沿边 0.8cm 缝缩，抽至近似袖克夫长度，如图 6-43 所示。

（2）做袖克夫：如图 6-44 所示，袖克夫粘全衬，扣烫袖克夫面 1cm 缝份；然后按对折印翻至反面，钩缝两侧，缝份为 1cm；最后翻正压烫两侧止口，注意不能有坐势。

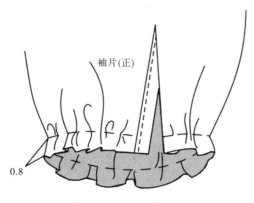

图6-43 袖口抽褶

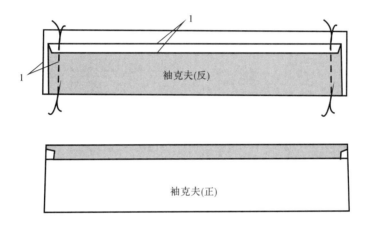

图6-44 做袖克夫

（3）绱袖克夫：骑缝绱袖克夫，先里后面。操作时袖克夫里（正）与袖口（反）相对，袖口开衩两端和袖克夫两端对齐，1cm缝份缝合；翻正袖克夫，袖克夫面止口缉线0.1cm，如图6-45所示。要求缉线整齐，反面缝份不超过0.3cm。

图6-45 绱袖克夫

11. 卷底边

用大针距沿底边凸出弧度大的部位绩缝，缝份 0.5cm，抽褶，以使卷边后底边圆顺。然后扣烫底边，先扣烫 0.5cm，再扣折 0.7cm 扣烫；沿卷边上止口绩明线 0.1cm。要求门、里襟长短一致，底边圆顺，不拧绞，线迹松紧适宜，如图 6-46 所示。

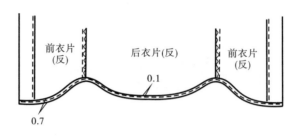

图 6-46　卷底边

12. 锁眼钉扣

在门襟上锁横扣眼 6 个，左、右袖克夫各锁 1 个。钉扣和扣眼位对齐，要求针脚平齐，钉牢。

13. 整烫

将缝制完工的衬衫均匀喷水，全面烫平，清洗干净。领子烫挺，领角有窝势；袖底缝与侧缝应放在拱形烫木或袖枕上烫平。

五、思考与实训

(一) 常规女式衬衫缝制工艺练习

在规定时间内，按工艺要求裁制一件女式长袖衬衫，规格尺寸自定。工艺要求及评分标准见表 6-7。

表 6-7　女式长袖衬衫工艺要求及评分标准

项目	工艺要求	分值
规格	允许误差：$B=\pm2cm$；$L=\pm1cm$；$SL=\pm0.8cm$；$N=\pm0.6cm$；$S=\pm0.8cm$	15
领	领头、领角对称，自然窝服顺直	25
	绱领位置准确，方法正确	
	领面平服	
袖	绱袖圆顺，吃势均匀，对位准确，无死褶	20
	袖细褶均匀，袖克夫符合规格、左右对称	
	袖衩平服，无毛露，绩线顺直	
侧缝	袖底十字缝对齐，线迹顺直，无死褶	5
底边	起落针回针，贴边宽度一致，止口均匀	5
	两端平齐，中间不皱不拧	

续表

项目	工艺要求	分值
门襟	长短一致，不拧不皱，贴边宽度均匀	10
	锁眼、钉扣位置准确	
省	省大、省位、省向、省长左右对称	10
	省尖无泡、无坑，曲面圆顺	
锁眼钉扣	扣眼位置正确，大小合适，针迹均匀；钉扣牢固、位置正确	5
整烫效果	线头修净，衣身平整，无污、无黄、无极光	5

（二）拓展设计与训练

设计一款女式衬衫，然后进行缝制，并写出设计说明书，主要内容包括：作品名称，款式图，款式说明，用料说明（面料和辅料），结构图和毛样板图（1∶5），工艺流程图，缝制工艺方法及要求等。

第三节　男衬衫缝制工艺

课前准备

1. 材料准备

（1）面料：

①面料选择：男衬衫可以选择的面料范围比较广，可根据不同的季节、不同的用途选择各种面料，棉、麻、化纤、混纺织物等均可。

②面料用量：幅宽 144cm，用量为衣长+袖长+15cm，约为 150cm。幅宽不同时，根据实际情况酌情加减面料用量。

（2）其他辅料：

①纽扣：13 粒树脂纽扣，颜色、图案要与面料相配，大小与衬衫整体相协调。其中里襟处 6+1（备用）粒，袖衩处 2 粒，袖克夫处 4 粒。

②无纺衬：幅宽 90cm，用量约为 60cm。

③缝线：准备与使用布料颜色及材质相符的缝线。

④打板纸：整张牛皮纸 3 张。

2. 工具准备

备齐制图常用工具与制作常用工具以及相关模板。

3. 知识准备

提前准备男装上衣原型衣片净样板，复习男衬衫样板绘制的相关知识，本章第一节部件工艺部分。

一、款式特征概述

典型的男式长袖衬衫，立翻领，6 粒纽扣，左胸尖角贴袋，宽松式直腰身，双层过肩，背后两个褶裥，平下摆，袖窿缉明线，袖口收两个褶，宝剑头袖衩，圆角袖克夫，如图 6-47 所示。

二、结构制图

1. 制图规格（表 6-8）

图 6-47　男衬衫款式图

表 6-8　男衬衫规格　　　　　　　　　　　　　单位：cm

号型	胸围（B）	后衣长（L）	袖长（SL）	袖口大	袖克夫宽
175/92A	92+20（放松量）	74	60	24	6

2. 原型制图（图 6-48）

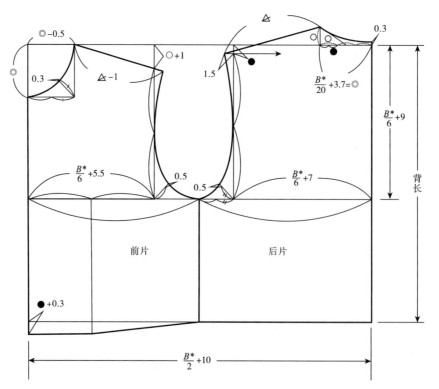

图 6-48　男衬衫原型制图

3. 男衬衫结构图

男衬衫衣身结构如图 6-49 所示，袖片与领片结构如图 6-50 所示。

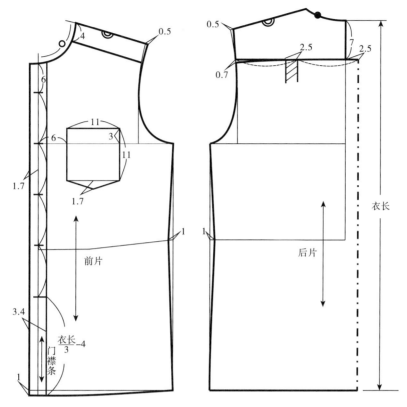

图 6-49 男衬衫衣身结构图

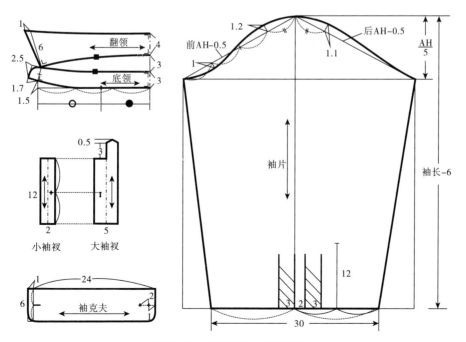

图 6-50 男衬衫领、袖结构图

三、放缝与排料（表6-9）

表6-9　女衬衫样板明细

项目	序号	名称	裁片数	标记内容
面料样板 （C）	1	前衣片	2	纱向、袋位、腰围线
	2	后衣片	1	纱向、褶裥位、腰围线
	3	过肩	2	纱向、缩袖对位点
	4	衣袖	2	纱向、褶裥位、缩袖对位点
	5	领面	1	纱向
	6	底领	1	纱向
	7	袖克夫	4	纱向
	8	大袖衩	2	纱向
	9	小袖衩	2	纱向
	10	左门襟	1	纱向
	11	左胸袋	1	纱向

面料放缝与排料如图6-51所示。图中未特别标明的部位放缝量均为1cm。

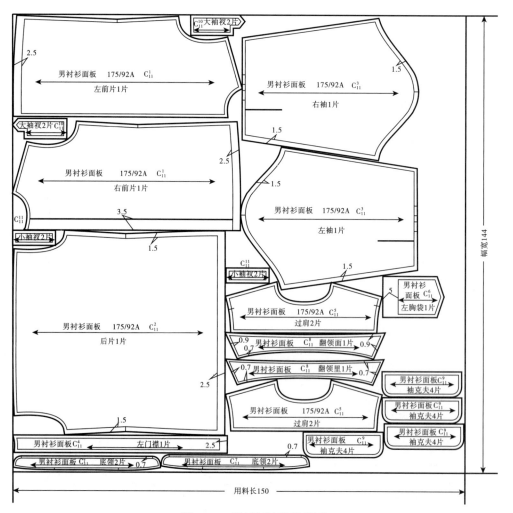

图6-51　男衬衫放缝排料图

四、缝制工艺

（一）工艺流程图（图6-52）

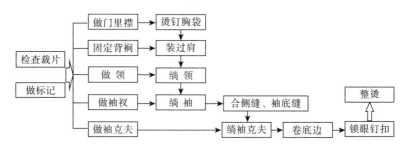

图6-52　男衬衫缝制工艺流程

（二）缝制准备

1. 检查裁片

（1）检查数量：对照排料图，清点裁片是否齐全。

（2）检查质量：认真检查每个裁片的用料方向、正反、形状是否正确。

（3）核对裁片：复核定位、对位标记，检查对应部位是否符合要求。

2. 做标记

按照样板在前中止口线、后片褶裥、袖衩、袖裥处做剪口标记。在前片标出袋位，作为钉袋标记。

（三）缝制说明

1. 做门、里襟

（1）制作门襟：参见本章第一节"三、门襟工艺"的内容。

门襟条粘衬，并扣烫门襟条外侧缝份。然后将门襟（正）与左衣片（反）相叠，钩缝止口。翻正门襟条，压烫止口。最后缉缝门襟两侧止口0.1cm，要求宽度一致，如图6-53所示。

（2）制作里襟：将里襟贴边外侧缝份向反面扣烫，再沿止口线扣烫，沿里襟边缘缉线0.1cm，如图6-54所示。

2. 烫钉胸袋

胸袋工艺参见本章第一节"一、贴袋工艺"的内容。如图6-55所示，将袋口贴边分两次扣烫，缉明线固定，止口0.1cm，其余袋边扣烫缝份1cm；然后根据袋位钉袋，压缝止口0.1cm，封袋口为直角三角形，宽0.5cm，长1cm。

要求袋位准确，袋口牢固，缉线顺直，四周平服。

3. 装过肩

（1）烫过肩面：将过肩面前肩缝份扣烫1cm。

（2）固定背裥：根据后衣片剪口标记折叠背裥（裥量2.5cm），并缉缝固定，缝份0.8cm，如图6-56所示。

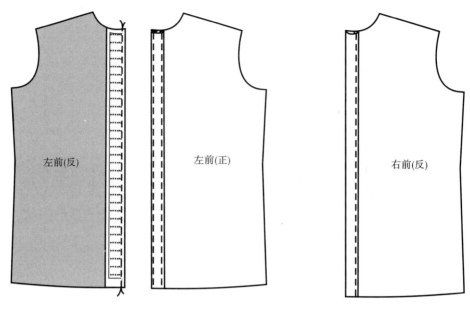

左前(反)

左前(正)

图 6-53　门襟的制作

右前(反)

图 6-54　里襟的制作

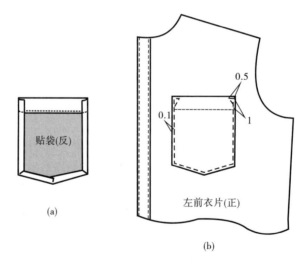

贴袋(反)

(a)

0.5

0.1

1

左前衣片(正)

(b)

图 6-55　钉胸袋

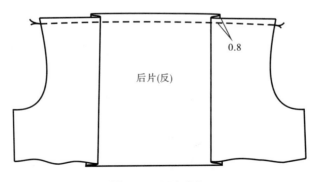

0.8

后片(反)

图 6-56　固定背裥

（3）接后片：将后衣片夹在两层过肩之间，中间剪口对齐缉合，缝份 1cm，如图 6-57 所示；翻正过肩，压缉止口 0.1cm（或 0.6cm），注意反面不能留坐势。

（4）合前片：前片在下，过肩里的正面和前片反面相对，缝合肩缝 1cm，缝份倒向过肩；过肩面拉平刚好盖住过肩里缝份，缉线 0.1cm。要求线迹整齐，领口平齐，过肩面、里平服。

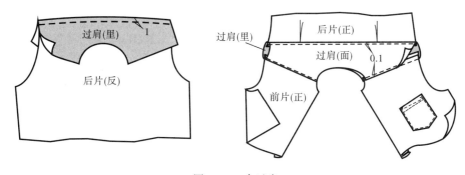

图 6-57　合过肩

4. 做领

做领方法参见本章第一节"四、领子工艺"的内容。

5. 绱领

骑缝绱领，先里后面。底领里的两端和衣片止口比齐，中点对准，缉合缝份 0.7cm，注意领窝斜势处不能拉伸；然后翻起底领，压缝好的下口刚好盖住底领里的绱领线，沿边缉止口 0.1cm。要求门、里襟等长，两端平服，沿边缉线无跳线、断线，如图 6-58 所示。

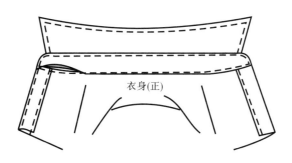

图 6-58　绱领子

6. 绱袖

（1）做袖衩：参见本章第一节"二、袖开衩工艺"的内容。

（2）固定袖褶裥：根据剪口标记，用 0.8cm 的缝份固定袖口褶裥，褶裥倒向袖衩。

（3）绱袖：如图 6-59 所示，采用内包缝绱袖，袖片在下，衣片在上，正面相对，对合衣片、袖片上的对位标记，袖片的缝份宽出衣片缝份 0.5cm；沿袖窿缉缝 1cm；袖山缝份包转袖窿后倒向衣片，沿边缉线固定。要求缝线顺直，间距均匀，袖窿平服。

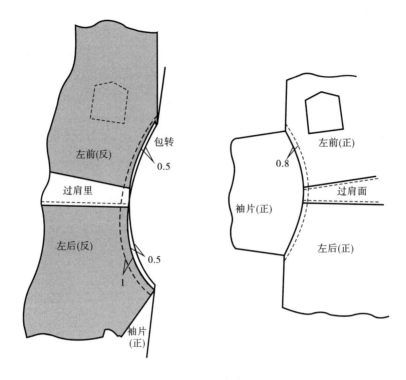

图 6-59　绱袖

7. 合侧缝、袖底缝

　　侧缝与袖底缝也采用内包缝的方法，后片在下，前片在上，正面相对，后衣片（后袖片）宽出前衣片（前袖片）缝份 0.5cm；沿前片缉缝 1cm，后片缝份折转 0.5cm后倒向前片，如图 6-60 所示；翻正衣片，沿后衣片、后袖片折边缉缝 0.1cm 明线。要求缉线顺直，宽窄一致，袖底缝十字缝对齐。

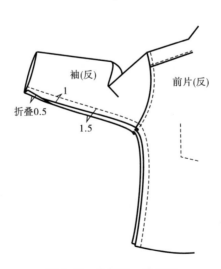

图 6-60　合侧缝、袖底缝

8. 绱袖克夫

（1）做袖克夫：袖克夫面全粘无纺衬，然后和里层正面相叠，袖克夫面在上，沿净线外 0.1cm 缝合，圆角处略吃进面；翻到正面并压烫止口，装袖处扣烫缝份，里层比面宽出 0.1cm，如图 6-61 所示。绱袖克夫处留出 1cm。

（2）绱袖克夫：袖克夫夹住袖口，沿止口缉 0.1cm 明线，顺缉袖克夫止口线，宽度和衣身上明线一致。

制作时要求左、右袖口的褶裥对称，袖克夫圆顺、形状一致，止口均匀，袖克夫里不倒吐。

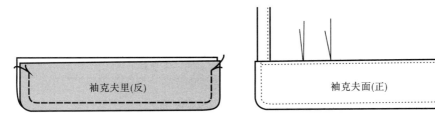

图 6-61　绱袖克夫

9. 卷底边

先校准门、里襟长度，然后卷边缝，底边贴边折净后宽为 1.5cm，反面缉贴边上止口 0.1cm，起落针回针。

10. 锁眼钉扣

（1）底领锁一个横扣眼，门襟锁五个竖扣眼，袖克夫左、右各一个横扣眼，袖衩左右各一个竖扣眼。要求锁眼大小一致，线迹呈"一"字形，无毛边。

（2）钉扣要求与扣眼位置一致，缝钉牢固。

11. 整烫

（1）检查成衣，剪净线头，清洗污渍。

（2）领子烫挺，前领口留窝势，不可烫死。

（3）袖子烫平，收裥处按褶裥烫平。

（4）衬衫放平，熨烫后衣身。

（5）熨烫门、里襟。

五、思考与实训

（一）常规男式衬衫缝制练习

在规定时间内，按工艺要求裁制一件男式长袖衬衫，规格尺寸自定。工艺要求及评分标准见表 6-10。

表 6-10 男式衬衫工艺要求及评分标准

项目	工艺要求	分值
规格	允许误差：$B=\pm2cm$；$L=\pm1cm$；$SL=\pm0.8cm$	10
	允许误差：$N=\pm0.6cm$；$S=\pm0.8cm$	5
领	领头左右对称、顺直	6
	翻领明线宽窄一致，不拧、不皱、无泡，线迹整齐	10
	底领明线宽度一致，缭领时门、里襟止口顺直	3
	领的制作方法正确	5
袖	缭袖圆顺无死褶	3
	袖克夫左右对称，圆角圆顺，明线顺直（0.1cm）	4
	袖衩平服、无皱、无毛露	10
	缭袖、做袖衩、缭袖克夫工艺制作方法正确	4
门、里襟	顺直、平服、长短一致，锁、钉位置适当	10
口袋	位置正确，规格符合要求	3
	口袋无毛露，明线宽 0.1cm，封结方法正确、对称	4
	整齐、平服	3
底边	起落针回针，贴边宽度一致，两边平齐，中间无皱	5
合缝	袖底十字缝位置准确	2
	线迹顺直、无死褶	3
锁眼钉扣	扣眼位置正确，大小合适，针迹均匀；钉扣牢固、位置正确	5
整烫效果	线头修净，衣身平整，无污渍、无黄、无极光	5

（二）拓展设计与训练

设计一款男式衬衫，然后进行缝制，并写出设计说明书，主要内容包括：作品名称，款式图，款式说明，用料说明（面料和辅料），结构图和毛样板图（1：5），工艺流程图，缝制工艺方法及要求等。

附录　常用术语

类型	名称	说明
制图	省（也称省道）	裁片上被去掉的角状区域，作用是使服装造型符合人体曲面。角的顶点称为省尖，指向人体凸起部位
	划	用铅笔或画粉在裁片上画线作标记
缝制工艺	缝合（也称合、缉）	用缝纫机缝合两层以上的裁片，俗称缉缝、缉线。为了使用方便，一般将"缝合""合"称为暗缝，即在成品正面无线迹，"合"是缝合的简称；"缉"称为明缝，即在成品正面有整齐的线迹
	缝份（俗称缝头）	两层裁片缝合后被缝住的部分
	缝口	两层裁片缝合后正面所呈现的痕迹
	绱（也称装）	安装部件到主件上的缝合过程，如绱（装）领、绱袖、绱腰头。安装部分辅件也称为绱或装，如绱拉链、绱松紧带等
	针迹	缝针刺穿缝料时，在缝料上形成的针眼
	线迹	在缝制物上两个相邻针眼之间的缝线。在规定单位长度内的线迹数，称为线迹密度，也称为针脚密度
	缝型	一定数量的缝料在缝制过程中的配置形态，即缝料间的层次与位置关系
	剪口（也称眼刀）	缝制工艺中，为了使裁片间准确对位，而在缝份相应的位置剪直线状或三角状缺口，作为对位标记。剪口深度不能超过缝份的一半宽度
	打剪口	缝合裁片时，在弧形部位或转折部位，缝份长度与表层长度不符，为了使成品表面平服，需要在一些位置将缝份斜向剪切，剪切深度至少距离缝线 0.1cm
	圆顺	衣片轮廓线、缝合线迹流畅自然，无折角
	包缝（也称锁边、拷边、码边）	用包缝线迹将裁片毛边包光，使织物纱线不脱散
	封结	在口袋或各种开衩、开口处用回针的方法进行加固，有平缝机封结、手工封结及专用机封结等
	止口	衣服或部件的边缘处，如门襟止口、领止口、袋盖止口等
	修剪止口（也称剔止口）	为了止口处平薄，将缝合后的止口缝份剪窄、剔薄，有修双边和修单边两种方法。修双边是指两层缝份一并修剪，多用于薄料止口。修单边是指两层缝份分别修剪，修剪后表层缝份宽于内层缝份 0.2cm 左右，可以使止口处厚度过渡均匀；一般修双边和修单边保留缝份分别为 0.5cm 和 0.3cm，质地疏松的面料可略有增加

续表

类型	名称	说明
缝制工艺	吃势（也称层势）	指缝合时使衣片缩短的程度。吃势分为两种：一是两衣片原来长度一致，缝合时因操作不当，造成一片长、一片短（即短片有了吃势），这是应避免的缝纫弊病；二是将两片长短略有差异的衣片，有意地将长衣片某个部位缩进一定尺寸，从而达到预期的造型效果。如圆装袖的袖山若有吃势，可使袖山顶丰满圆润
	里外匀（也称里外容）	由于部件或部位的表层松、内层紧而形成的凸凹形态。其缝制加工的过程称为里外匀工艺，如勾缝袋盖、驳头、领子等，都需要采用里外匀工艺
	窝势	多指部件或部位由于采用里外匀工艺，呈正面略凸、反面凹进的形态。与之相反的形态为反翘，是一种缝制弊病
	止口反吐	将两层裁片缝合并翻出后，内层止口超出表层止口，从成品正面可以看到内层布料，是一种缝制弊病
	倒吐	为防止止口反吐，特意用表层布料包转止口的方式，从成品反面沿止口可以看到一定宽度的表层布料
	还口	在缝制或熨烫过程中将裁片边缘拉长变形，缉缝时变形称为拉还，熨烫时变形称烫还，亦称为烫训，是一种缝制弊病
	坐势（也称坐缝）	两层裁片缝合并翻正后，没有翻足（未露出缝口），还有一部分卷缩在里面，导致有效面积缺失、止口张开，是一种缝制弊病
	双轨	缝合时由于接线未对齐，只需一道线迹的部位缝出双道线迹，是一种缝制弊病
	链形（也称裂形、扭形）	多层的裁片缝合时，由于下层送布快，上层送布慢，缝合错位而使表面出现斜波浪形，是一种缝制弊病
	毛露（也称毛出）	因漏针或衣片边沿纱线未被缝进，导致毛边外露
	毛漏	毛露或漏针的通称。漏针指缝合时某些部位未被缝到。毛漏是缝制工艺中的一大弊病
	起吊	衣缝皱缩、上提，或成衣面、里不符，里子偏短引起的衣面上吊、不平服
	起泡	面料与黏合衬局部脱离，成品表面出现泡状，是一种粘衬工艺弊病
熨烫工艺	归	归是归拢之意，指将长度缩短的工艺，一般有归缝和归烫两种方法。裁片被归烫的部位，靠近边缘处出现弧形绺，被称为余势
	拔	拔是拔长、拔开之意，使平面拉长或拉宽。如后背肩胛处的拔长，裤子的拔裆，臀部的拔宽等，都可以采用拔烫的方法
	推	推是归或拔的继续，指将裁片归出的余势、拔出的回势推向人体相对应的凸起或凹进的位置
	推门	将平面前衣片收省，再经过熨斗热塑变形或定形，即用"归、拔、推"的方法，使衣片更符合人的体型

续表

类型	名称	说明
熨烫工艺	回势（也称还势）	被拔开部位的边缘处呈现荷叶边形状
	烫散	向周围推开、烫平
	烫煞（也称烫实）	被熨烫的部位非常平薄，或将折缝烫定型
	分烫（也称分缝）	缝合后，将缝份分向两边烫倒，压实
	磨烫	用力多次往返熨烫
	烘烫	熨斗悬空不直接接触织物，用传温方式进行熨烫
	极光	熨烫时裁片或成衣下面的垫布太硬或无垫布盖烫而产生的亮
	起烫	消除"极光"的一种熨烫技法。需在有"极光"处盖水布，用热熨斗高温快速轻轻熨烫，趁水分未干时揭去水布使其自然晾干
	水印花	盖水布熨烫不匀或喷水不匀，出现水渍

参考文献

[1] 潘凝. 服装手工工艺 [M]. 2版. 北京：高等教育出版社，2003.

[2] 王革辉. 服装材料学 [M]. 2版. 北京：中国纺织出版社，2010.

[3] 朱松文，刘静伟. 服装材料学 [M]. 5版. 北京：中国纺织出版社，2015.

[4] 王革辉. 服装面料的性能与选择 [M]. 上海：东华大学出版社，2013.

[5] 王晓. 纺织服装材料学 [M]. 北京：中国纺织出版社，2017.

[6] 中屋典子，三吉满智子. 服装造型学. 技术篇Ⅰ [M]. 孙兆全，刘美华，金鲜英，译. 北京：中国纺织出版社，2004.

[7] 中屋典子，三吉满智子. 服装造型学. 技术篇Ⅱ [M]. 刘美华，孙兆全，译. 北京：中国纺织出版社，2004.

[8] 张文斌. 服装结构设计. 女装篇 [M]. 北京：中国纺织出版社，2017.

[9] 张文斌. 服装结构设计. 男装篇 [M]. 北京：中国纺织出版社，2017.

[10] 张文斌. 成衣工艺学 [M]. 3版. 北京：中国纺织出版社，2010.

[11] 陈丽，刘红晓. 裙·裤装结构设计与缝制工艺 [M]. 上海：东华大学出版社，2012.

[12] 张繁荣. 男装结构设计与产品开发 [M]. 北京：中国纺织出版社，2014.

[13] 潘波，赵欲晓，郭瑞良. 服装工业制板 [M]. 3版. 北京：中国纺织出版社，2016.

[14] 朱秀丽，鲍卫君，屠晔. 服装制作工艺. 基础篇 [M]. 3版. 北京：中国纺织出版社，2016.

[15] 鲍卫君. 服装制作工艺. 成衣篇 [M]. 3版. 北京：中国纺织出版社，2016.

[16] 张繁荣，刘锋. 服装工艺 [M]. 3版. 北京：中国纺织出版社，2017.

[17] 许涛. 服装制作工艺：实训手册 [M]. 2版. 北京：中国纺织出版社，2013.

[18] 刘锋，吴改红. 男西服制作技术 [M]. 上海：东华大学出版社，2014.

[19] 陈桂林. 服装模板技术 [M]. 北京：中国纺织出版社，2014.

[20] 周捷，田伟. 女装缝制工艺 [M]. 上海：东华大学出版社，2015.

[21] 纺织工业科学技术发展中心. 中国纺织标准汇编. 服装卷 [M]. 2版. 北京：中国标准出版社，2011.